电气安全隐患排查治理图册

吴江　编著

中国电力出版社
CHINA ELECTRIC POWER PRESS

内 容 提 要

近年来，我国电气安全隐患导致的火灾、触电事故比比皆是，触目惊心，让人扼腕叹息。为配合做好电气安全隐患排查治理工作，减少安全事故的发生，本图册精选在安全生产检查过程中发现的电气安全隐患的实际场景、实物照片及违规操作案例，采用图文并茂、正误对比的形式，生动直观地反映安全隐患的特点和现象，并根据国家现行标准、规程、规范中的相关条款，对这些安全隐患进行分析和解析，给出排查治理措施，达到发现安全隐患、指出安全隐患、分析安全隐患、解决安全隐患、杜绝安全隐患的目的。主要内容涵盖配电室安装及线路敷设；车间电气箱的安装与线路敷设；漏电保护及接地保护；室内电器及线路违规敷设；电气设备线路违规安装；手持及移动电气设备违规使用；插座及开关违规安装；移动插座及插头违规使用；易燃易爆场所违规安装；通风降温及排气电风扇；室外变配发电设备与室外电路；其他场所和场合。

本图册是电气作业人员现场操作的必备工具书，也是各类电气安全管理人员开展安全隐患排查治理工作的参考依据，同时，本图册也可供企业各级生产管理人员、生产一线员工阅读参考。

图书在版编目（CIP）数据

电气安全隐患排查治理图册/吴江编著. —北京：中国电力出版社，2015.5（2025.6 重印）

ISBN 978-7-5123-7311-2

Ⅰ.①电… Ⅱ.①吴… Ⅲ.①电气安全-技术手册 Ⅳ.①TM08-62

中国版本图书馆 CIP 数据核字（2015）第 041795 号

中国电力出版社出版、发行

（北京市东城区北京站西街 19 号 100005 http://www.cepp.sgcc.com.cn）

三河市航远印刷有限公司印刷

各地新华书店经售

*

2015 年 5 月第一版 2025 年 6 月北京第五次印刷

850 毫米×1168 毫米 32 开本 8.5 印张 278 千字

印数 8001—9000 册 定价 **42.00** 元

前　言

安全隐患排查治理是落实“安全第一、预防为主、综合治理”方针、夯实安全生产基础的重要任务，国务院和国家有关部门要求各生产企业以“全覆盖、勤排查、快治理”为导向，以“建机制、查隐患、防事故”为主线，开展安全隐患排查治理工作保障安全生产。电气作业属特种作业，对操作者本人、他人及周围设施的安全可能造成重大危害，作业人范围包括发电、送电、变电、配电，以及电气设备的安装、运行、检修等。开展电气安全隐患排查治理工作意义重大。

在长期的实际操作与安全检查的工作中，编者发现很多电气作业人员并不是不知道安全的重要性，不明白“以人为本、安全第一；预防为主、安全生产；珍爱生命、生命至上”，很多电工虽说也知道违规操作的危害，但为了省事、省时间、省材料、图方便，还是心存侥幸照样违规，正是在这种心态的影响下，形成了这些各种各样的安全隐患，最终导致事故发生，等事故发生后再后悔就晚了。实际工作中，不安全的因素和后果基本上都是人为的原因或疏忽造成的，也可以说是违反安全操作规程造成的，真正的不可抗力的原因引起的事故，数量是相当小的，各类违规的安装和操作引起的安全隐患，在特殊或意外的条件下，就会转化为严重的事故。可见，加强工作人员的安全意识，保障安全生产，刻不容缓。为更加有效开展安全生产事故隐患排查治理工作，落实各项安全规章制度，帮助广大电气作业人员直观地辨识隐患危害和明确隐患防范治理措施，特编写本手册。

本手册通过精选在安全生产检查过程中发现的电气安全隐患的实际场景、实物照片及违规操作案例，采用图文并茂、正误对比的形式，生动直观地反映安全隐患的特点和现象，并对这些安全隐患进行分析和解析，给出排查治理措施，达到发现安全隐患、指出安全隐患、分析安全隐患、解决安全隐患、杜绝安全隐患的目的。

图册中的实际场景、实物照片及违规操作案例都是在例行的安全检查中发现的，都是现实工作中真实的表现，有很强的代表性。针对书中每一个违规案例，编者根据现行国家标准、规程、规范中的相关条款，进行了安全隐患的分析，具体到违反了哪些安全规范的哪些条款，并对此安全隐患的治理防范提出了整改方案，以引导电气作业人员在今后的工作中加以注意，消除这类安全隐患。

希望本图册能帮助广大读者能树立安全防范的意识，时刻牢记血的教训。通过安全隐患排查治理工作，了解安全隐患的危害和预防方法，在今后实际工作中，避免再犯类似的错误。

本图册的插图由贺培善绘制，此外，笔者还参考了大量的资料，在此一并表示感谢。由于笔者的水平有限，书中难免有错误和不妥之处，还请广大的读者批评指正，并请发送到 mono2015@QQ.com，谢谢！

编者

目 录

前言

第一章 配电室安装及线路敷设 …… 1

安全隐患 1-1：配电室建筑结构不符合要求 …… 2
安全隐患 1-2：配电室内配电柜布置不合理 …… 4
安全隐患 1-3：配电室内堆放其他物品 …… 6
安全隐患 1-4：配电室内电源管线未按规定敷设 …… 8
安全隐患 1-5：配电室内线路敷设不规范 …… 10
安全隐患 1-6：配电室的门、窗户防护不当 …… 12
安全隐患 1-7：配电室内的电源线直接穿墙而过 …… 14
安全隐患 1-8：配电室没有设置挡鼠板 …… 16
安全隐患 1-9：配电柜的电源导线直接引出 …… 18
安全隐患 1-10：配电室外电源导线未按规定敷设 …… 20
安全隐患 1-11：配电室的门开启方向与安装要求相反 …… 23
安全隐患 1-12：配电室内警示标志违规使用 …… 24

第二章 车间电气箱的安装与线路敷设 …… 27

安全隐患 2-1：进入车间配电箱线路安装不规范 …… 28
安全隐患 2-2：塑料导线直接从电气箱内铁皮孔中穿过 …… 30
安全隐患 2-3：电气箱内电源导线颜色混乱 …… 32
安全隐患 2-4：电气箱内安装的电器违规在箱外安装 …… 34
安全隐患 2-5：从开关箱盒违规直接引出导线 …… 36
安全隐患 2-6：电气开关箱导管未正确使用附件 …… 38

安全隐患 2-7：线槽内导线敷设过密 …… 40
安全隐患 2-8：电气箱未安装 N 或 PE 端子排 …… 42
安全隐患 2-9：电气箱内线路采用 TN-C 系统 …… 44
安全隐患 2-10：电器安装在可燃材料上 …… 46
安全隐患 2-11：电气箱进出导线未使用阻燃性导管 …… 48
安全隐患 2-12：一个开关箱连接多台电气设备 …… 50
安全隐患 2-13：开关箱安装未避开加工物飞溅区 …… 52

第三章 漏电保护及接地保护 …… 55

安全隐患 3-1：电气箱未安装二级剩余电流动作保护装置 …… 56
安全隐患 3-2：电气设备未安装末级剩余电流动作保护装置 …… 58
安全隐患 3-3：末级剩余电流动作保护装置外安装 …… 60
安全隐患 3-4：电气箱连接导线未接接地线 …… 62
安全隐患 3-5：接地线未连接在专用接地端子上 …… 64
安全隐患 3-6：采用错误接地连接方式 …… 66
安全隐患 3-7：静电接地体安装不规范 …… 68

第四章 室内电器及线路违规敷设 …… 71

安全隐患 4-1：室内线路不套管（槽） …… 72
安全隐患 4-2：室内导线违规敷设 …… 74
安全隐患 4-3：导线违规穿楼板敷设 …… 76
安全隐患 4-4：导线违规穿墙敷设 …… 78
安全隐患 4-5：照明灯具开关及线路违规安装 …… 80
安全隐患 4-6：照明灯具接触或接近可燃物 …… 82
安全隐患 4-7：照明灯具违规安装及使用 …… 84
安全隐患 4-8：电源导线穿入可燃材料 …… 86
安全隐患 4-9：车间通道内违规敷设电源线路 …… 88
安全隐患 4-10：室内电源导线违规引出 …… 90
安全隐患 4-11：局部照明灯具违规安装及使用 …… 92
安全隐患 4-12：应急照明及标志和线路违规安装 …… 94

第五章 电气设备线路违规安装 …… 97

安全隐患 5-1：电气设备电源线路敷设不规范 …… 98

安全隐患 5-2：电动机违规安装敷设 …… 100
安全隐患 5-3：电气设备外部控制线路不规范 …… 102
安全隐患 5-4：电气控制箱内电路或线路不规范 …… 104
安全隐患 5-5：双手操作设备按钮颜色混乱及违规使用 …… 106
安全隐患 5-6：电器接线端子连接不规范 …… 108

第六章 手持及移动电气设备违规使用 …… 111

安全隐患 6-1：移动式电气设备违规使用 …… 112
安全隐患 6-2：手持式行灯违规使用 …… 114
安全隐患 6-3：电焊机电源线不使用橡套软线 …… 116
安全隐患 6-4：电焊机电焊线端子安装不规范 …… 118
安全隐患 6-5：电焊钳违规安装与使用 …… 120
安全隐患 6-6：空气压缩机电源线路违规安装 …… 122
安全隐患 6-7：手持电动工具违规使用的安全隐患 …… 124

第七章 插座及开关违规安装 …… 127

安全隐患 7-1：墙上插座或开关安装固定不规范 …… 128
安全隐患 7-2：插座或开关违规固定 …… 130
安全隐患 7-3：插座火零线接反或不接地线 …… 132
安全隐患 7-4：插座或开关出现破损后还继续使用 …… 134
安全隐患 7-5：插座或开关的面板未紧固继续使用 …… 136
安全隐患 7-6：插座因过热受损后不及时更换 …… 138
安全隐患 7-7：插座线路违规延长使用 …… 140
安全隐患 7-8：插座或开关电源导线明安装 …… 142
安全隐患 7-9：插座或开关安装时乱开敲落孔 …… 144
安全隐患 7-10：普通明插座当地面插座使用 …… 146
安全隐患 7-11：插座和开关安装在可燃材料上 …… 148
安全隐患 7-12：插座及开关盒未使用连接附件 …… 150
安全隐患 7-13：PE 绝缘导线的颜色使用混乱 …… 152
安全隐患 7-14：插座之间电源及接地导线串联连接 …… 154

第八章 移动插座及插头违规使用 …… 157

安全隐患 8-1：移动插座随意性拖放使用 …… 158

安全隐患 8-2：将移动插座放置在可燃材料上 ………………… 160
安全隐患 8-3：不同电压等级使用相同类型移动插座 ………… 162
安全隐患 8-4：移动插座及导线摆放在地面或通道使用 ……… 164
安全隐患 8-5：插头破损后继续使用 ………………………… 166
安全隐患 8-6：用导线直接插入插座连接电源 ……………… 168
安全隐患 8-7：一个插头连接多个电器电源导线 …………… 170
安全隐患 8-8：三孔插头电缆不连接电线 PE 线 …………… 172
安全隐患 8-9：三孔插头连接二根电源导线 ……………… 174

第九章 易燃易爆场所违规安装 ………………………… 177

安全隐患 9-1：易燃易爆场所安装非防爆照明灯具 ………… 178
安全隐患 9-2：易燃易爆场所安装非防爆电器 ……………… 180
安全隐患 9-3：喷漆防爆场所使用普通密封式电动机 ……… 182
安全隐患 9-4：防爆与非防爆电器或线路混合安装 ………… 184
安全隐患 9-5：喷漆处排气扇电动机长期不清理 …………… 186
安全隐患 9-6：易燃易爆场所可燃气体报警控制器违规安装…… 188
安全隐患 9-7：烘干设备无漏电及线路防护 ………………… 190
安全隐患 9-8：烘干设备无超温、气体浓度报警及排气管 ……… 192
安全隐患 9-9：在可燃性粉尘环境违规安装电器及线路 ……… 194
安全隐患 9-10：用可燃材料自制电热烘干箱 ……………… 196
安全隐患 9-11：易爆易爆场所安装非防爆线路 …………… 198

第十章 通风降温及排气电风扇 ………………………… 201

安全隐患 10-1：电风扇电源导线拖放在通道地面 ………… 202
安全隐患 10-2：壁扇和吊扇电源导线悬空敷设 …………… 204
安全隐患 10-3：电风扇违规使用 ………………………… 206
安全隐患 10-4：电风扇违规安装 ………………………… 208
安全隐患 10-5：电风扇有破损后继续使用 ………………… 210
安全隐患 10-6：电风扇电源导线违规使用及有接头 ……… 212
安全隐患 10-7：未按要求更换排风扇电源导线 …………… 214
安全隐患 10-8：电风扇防护罩网孔间隔过宽 ……………… 216
安全隐患 10-9：电风扇电源导线压在物品下 ……………… 218

第十一章 室外变配发电设备与室外电路 …………………… 221

安全隐患 11-1：变配电设施栅栏等防护及管理不到位 ………… 222
安全隐患 11-2：变配电设施及线路维护不到位 ………………… 224
安全隐患 11-3：室外照明灯具及线路违规安装 ………………… 226
安全隐患 11-4：室外广告灯箱电源线路违规安装 ……………… 228
安全隐患 11-5：室外景观灯及电源线路违规安装 ……………… 230
安全隐患 11-6：临时电源线路违规安装 ………………………… 232
安全隐患 11-7：室外电气箱防护设施不到位 …………………… 234
安全隐患 11-8：室外电源线穿墙孔不套管 ……………………… 236
安全隐患 11-9：室外低压线路违规敷设 ………………………… 238
安全隐患 11-10：发电机房电源线路违规敷设…………………… 240
安全隐患 11-11：发电机违规安装与使用………………………… 243

第十二章 其他场所和场合 …………………………………… 247

安全隐患 12-1：自制烫压切割机无防护措施 …………………… 248
安全隐患 12-2：高温发热电气设备带电体裸露 ………………… 250
安全隐患 12-3：潮湿场所电气设备不安装漏电保护 …………… 252
安全隐患 12-4：高空作业不佩戴安全帽（带） ………………… 254
安全隐患 12-5：食堂内电气设备及线路违规安装 ……………… 256
安全隐患 12-6：宿舍内电器与线路违规安装与使用 …………… 258
安全隐患 12-7：紫外线杀菌灯开关安装不规范 ………………… 260

第一章

配电室安装及线路敷设

依据工厂企业的规模大小，基本上每一个工厂企业都有一个或数个配电室，只有极个别的微小型的工厂企业没有配电室。本章主要是针对工厂企业内，配电室出现的较常见和典型违规现象。

安全隐患1-1

配电室建筑结构不符合要求

隐患现象

！配电室未封顶并与其他场所毗邻

！配电室为其他房间拼凑改装

！配电室屋顶用石绵瓦半封闭

！配电室屋顶承重构件达不到二级耐火等级

！配电室配置在临时建筑物内

！配电室建筑物的墙体结构不符合建筑要求

防范措施

工厂企业内设置的配电室，其建筑物的结构要按照下列规定。

➡《20kV及以下变电所设计规范》（GB 50053—2013）中，第6.1.1条：

变压器室、配电室和电容器室的耐防火等级不应低于2级；

➡《低压配电设计规范》（GB 50054—2011）中，第4.3.1条：

配电室屋顶承重构件的耐火等级不应低于二级，其他部分不应低于三级。当配电室与其他场所毗邻时，门的耐火等级应按两者中耐火等级高的确定。

➡《施工现场机械设备检查技术规程》（JGJ 160—2008）中，第3.3.8条：

配电室（房）的建筑物和构筑物应能防雨、防风沙；防火等级不应低于3级；室内应配置沙箱和可用于扑灭电气火灾的灭火器；当采用百叶窗或窗口安装金属网时，金属网孔不应大于10mm×10mm。

整改结果

正规的配电室

安全隐患1-2

配电室内配电柜布置不合理

隐患现象

！双列配电柜间距不符合要求

！配电柜摆放安装不规范

！配电柜前后间距不符合要求

！配电柜前方违规放置隔板

！配电柜侧面间距不符合要求

！配电柜背面间距不符合要求

防范措施

工厂企业的配电室，要按照《低压配电设计规范》（GB 50054—2011）中，第4.1.2条的规定：

配电设备的布置必须遵循安全、可靠、适用和经济等原则，并应便于安装、操作、搬运、检修、试验和监测。

当防护等级不低于现行国家标准《外壳防护等级（IP代码）》GB4208规定的IP2X级时，成排布置的配电屏通道最小宽度应符合表1-1的规定。

表1-1　　成排布置的配电屏通道最小宽度（m）

配电屏		单配布置			双排面对面布置			双排背对背布置			多排同向布置			屏侧通道
		屏前	屏后		屏前	屏后		屏前	屏后		屏间	前、后排屏距墙		
			维护	操作		维护	操作		维护	操作		前排屏前	后排屏后	
固定式	不受限制时	1.5	1.1	1.2	2.1	1	1.2	1.5	1.5	2.0	2.0	1.5	1.0	1.0
固定式	受限制时	1.3	0.8	1.2	1.8	0.8	1.2	1.3	1.3	2.0	1.8	1.3	0.8	0.8
抽屉式	不受限制时	1.8	1.0	1.2	2.3	1.0	1.2	1.8	1.0	2.0	2.3	1.8	1.0	1.0
抽屉式	受限制时	1.6	0.8	1.2	2.1	0.8	1.2	1.6	0.8	2.0	2.1	1.6	0.8	0.8

注　1. 受限制时是指受到建筑平面的限制、通道内有柱等局部突出物的限制。
2. 屏后操作通道是指需在屏后操作运行中的开关设备的通道。
3. 背靠背布置时屏前通道宽度可按本表中双排背对背布置的屏前尺寸确定。
4. 控制屏、控制柜、落地式动力配电箱前后的通道最小宽度可按本表确定。
5. 挂墙式配电箱的箱前操作通道宽度，不宜小于1m。

整改结果

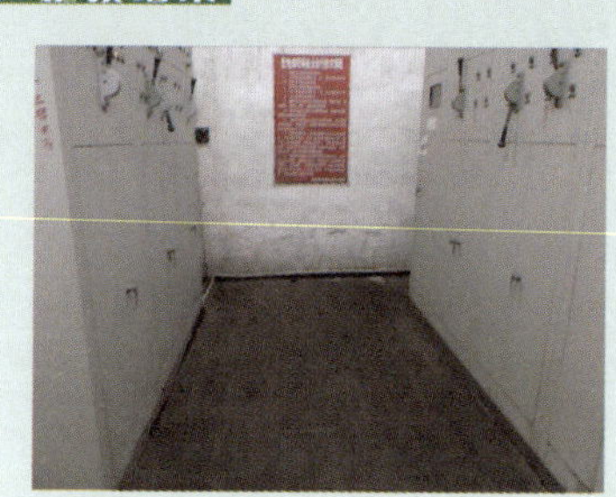

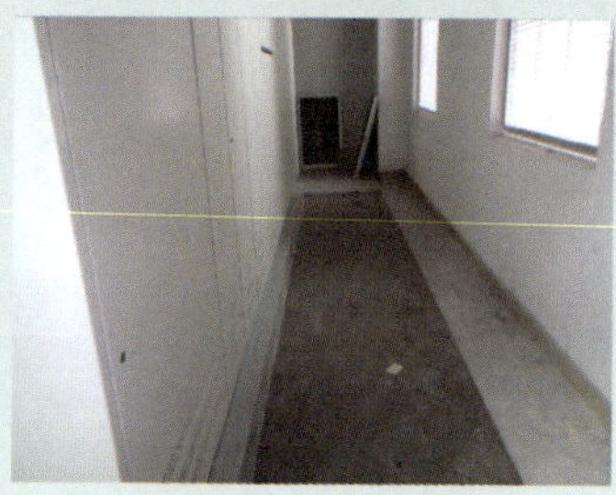

正规配电室的配电柜

安全隐患1-3

配电室内堆放其他物品

隐患现象

! 配电柜栅栏处堆放物品

! 配电柜通道上堆放物品

! 配电柜周围堆放杂物

! 配电柜旁堆放无关物品

! 配电柜通道内安装调压电气设备

! 配电柜堆放电气设备及导线

防范措施

工厂企业内的配电室内，不得摆放与配电室无关的电气设备，要按照《施工现场临时用电安全技术规范》（JGJ46—2005）中，第 6.1.9 条的规定：

配电室应保持整洁，不得堆放任何妨碍操作、维修的杂物。

工厂企业配电室内的配电柜，要按照《低压配电设计规范》（GB 50054—2011）中，第 4.1.2 条中的规定：

配电设备的布置必须遵循安全、可靠、适用和经济等原则，并应便于安装、操作、搬运、检修、试验和监测。

工厂企业的配电柜周围不得堆放杂物，要按照《电力建设安全工作规程》（火力发电厂部分）（DL5009.1—2002）中，第 6.2.11 条中的规定：

现场集中控制的开关柜或配电箱的设置地点应平整，不得被水淹或土埋，并应防止碰撞和物体打击。开关柜或配电箱附近不得堆放杂物。

整改结果

配电柜的周边保持整洁干净

安全隐患1-4

配电室内电源管线未按规定敷设

隐患现象

！配电室内线管胡乱敷设

！配电室线管悬空敷设

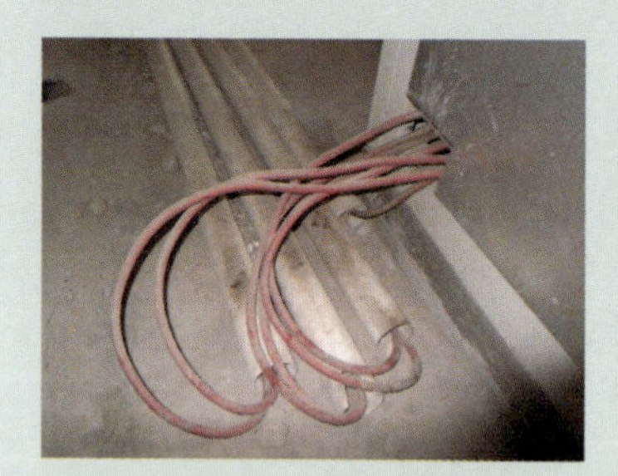

！配电室内线管敷设不到位

！配电室内线管明暗混合敷设

！配电室内线管随意从配电室内引出

！配电室内线管敷设在门口通道上

防范措施

工厂企业内的配电室，内部设备及线路的敷设，要按照《低压配电设计规范》（GB 50054—2011）中，第 4.1.2 条中的规定：

配电设备的布置必须遵循安全、可靠、适用和经济等原则，并应便于安装、操作、搬运、检修、试验和监测。

工厂企业内的配电室，电源线路的敷设，要按照《农村低压电力技术规程》（DL/T 499—2001）中，第 4.3.1 条中的规定：

配电室进出引线可架空明敷或暗敷，明敷设宜采用耐气候型电缆或聚氯乙烯绝缘电线，暗敷设宜采用电缆或农用直埋塑料绝缘护套电线，敷设方式应满足下列要求：

（1）架空明敷耐气候型绝缘电线时，其电线支架不应小于 40mm×40mm×4mm 角钢，穿墙时，绝缘电线应套保护管。出线的室外应做滴水弯，滴水弯最低点距离地面不应小于 2.5m。

（2）采用农用直埋塑料绝缘塑料护套电线时，应在冻土层以下且不小于 0.8m 处敷设，引上线在地面以上和地面以下 0.8m 的部位应有套管保护。

（3）采用低压电缆作进出线时，应符合第 8 章低压电力电缆的规定。

整改结果

电源线路采用地沟内埋的方式

安全隐患1-5

配电室内线路敷设不规范

隐患现象

！配电柜引出导线入沟不规范

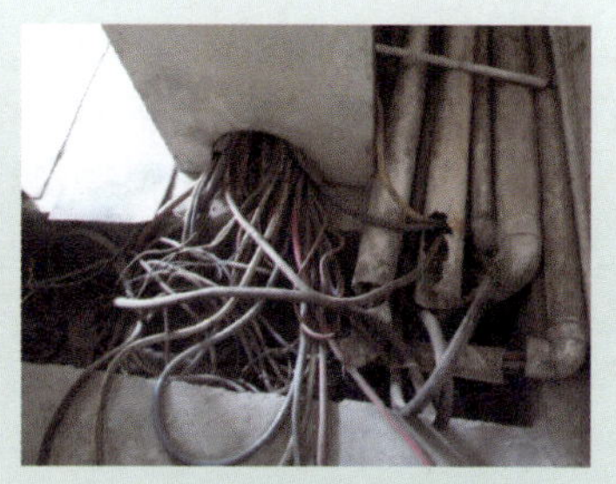

！配电柜电缆沟位置不正确

！配电柜电源导线敷设混乱

！配电柜引出电源线未使用线槽敷设

！配电柜引出电缆沟敷设不到位

！违规将配电柜引出导线明入线槽

防范措施

工厂企业内的配电室，电缆沟要按照《民用建筑电气设计规范》(JGJ 16—2008)中，第 8.7.3 条的规定：

电缆沟和电缆隧道应采取防水措施，其底部应做不小于 0.5%的坡度坡向集水坑（井）。积水可经逆止阀直接接入排水管道或经集水坑（井）用泵排出。

电缆沟盖板应满足可能承受荷载和适合环境且经久耐用的要求，可采用钢筋混凝土盖板或钢盖板，可开启的地沟盖板的单块重量不宜超过 50kg。

要按照《低压配电设计规范》（GB 50054—2011）中，第 7.6.30 条的规定：

电缆沟盖板宜采用钢筋混凝土盖板或钢盖板。钢筋混凝土盖板的质量不宜超过 50kg，钢盖板的质量不宜超过 30kg。

工厂企业内的配电室，在电缆沟敷设完电源线路以后，要按照《建设工程施工现场供用电安全规范》（GB 50194—2014）中，第 3.3.6 条的规定：

进入变电站、配电站的电缆沟或电缆管，在电缆敷设完成后应将管口堵实。

整改结果

正规的配电室内电线沟

安全隐患1-6

配电室的门、窗户防护不当

隐患现象

！配电室使用不符合规定的门、窗

！配电室的窗户金属防护网网孔太大

！配电室违规设置水泥百叶窗

！配电室百叶门未安装符合要求的防护网

！配电室百叶窗上金属防护网破损

！配电室百叶门上金属防护网破损

防范措施

工厂企业内的配电室，其门和窗的防护，要按照《低压配电设计规范》(GB 50054—2011) 中，第 4.3.7 条的规定：

配电室的门、窗关闭应密合；与室外相通的洞、通风孔应设防止鼠、蛇类等小动物进入网罩，其防护等级不宜低于现行国家标准《外壳防护等级（IP 代码)》(GB4208) 规定的 IP3X 级。直接与室外露天相通的通风孔尚应采取防止雨雪飘入的措施。

工厂企业内的配电室，门和窗户的安装要按照《10kV 及以下变电所设计规范》(GB 50053—2013) 中，第 6.2.4 条的规定：

变压器室、配电室、电容器室等应设置防止雨、雪和蛇、鼠类小动物从采光窗、通风窗、门、电缆沟等进入室内的设施。

工厂企业内的配电室，要符合《施工现场机械设备检查技术规程》(JGJ160—2008) 中，第 3.3.8 条的规定：

配电室（房）的建筑物和构筑物应能防雨、防风沙；防火等级不应低于 3 级；室内应配置沙箱和可用于扑灭电气火灾的灭火器；当采用百叶窗或窗口安装金属网时，金属网孔不应大于 10mm×10mm；

工厂企业的配电室在设计时，可不采用活动的窗户，可按照《建筑电气照明装置施工与验收规范》(GB 50617—2010) 中，第 7.1.5 条的规定：

配电装置室可开固定窗采光，并应采取防止玻璃破碎时小动物进入的措施。

整改结果

符合要求带金属网的防护窗和门

安全隐患1-7

配电室内的电源线直接穿墙而过

隐患现象

！配电室内导线墙上随意打孔穿出

！配电室内导线地沟敷设不到位

！配电室内导线未穿管（槽）敷设

！配电室内电源线未分类及无防护引出

！各类导线无序地从地沟处引出

！配电室内导线未采用正规的架空方式

防范措施

➡ 室内电源线路的敷设，应按照《施工现场临时用电安全技术规范》(JGJ46—2005) 中的规定：

7.3.2 室内配线应根据配线类型采用瓷瓶、瓷（塑料）夹、嵌绝缘槽、穿管或钢索敷设。

潮湿场所或埋地非电缆配线必须穿管敷设，管口和管接头应密封；当采用金属管敷设时，金属管必须做等电位连接，且必须与 PE 线相连接。

7.3.3 室内非埋地明敷主干线距地面高度不得小于 2.5m。

7.3.4 架空进户线的室外端应采用绝缘子固定，过墙处应穿管保护，距地面高度不得小于 2.5m，并应采取防雨措施。

➡ 穿墙孔内电源线路敷设完毕后，要按照《1kV 及以下配线工程施工与验收规范》(GB 50575—2010) 中，第 3.0.5 条的规定：

配线工程施工结束后，应将配线施工时剔凿的建筑物和构筑物的孔、洞、沟、槽等修补完整；线路穿越楼板或防火墙、管道井、电气竖井、设备间等防火分隔处应做好防火封堵。

➡ 在车间内部进行电气线路的敷设时，要考虑到外部因素对电源线路的影响，特别是机械行业的地面管线的安装，应按照《低压配电设计规范》(GB 50054—2011) 中，第 7.1.2 条中的规定：

配电线路的敷设环境，应符合下列规定：①应防止外部的机械性损害；②应防止在使用过程中因水的侵入或因进入固体物带来的损害。

整改结果

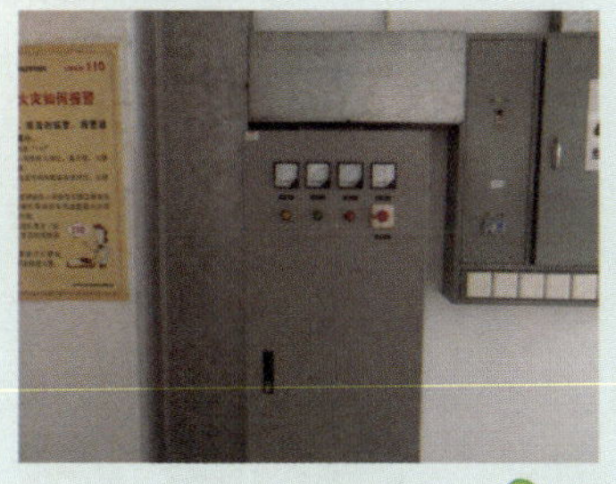

正规的配电室

安全隐患1-8

配电室没有设置挡鼠板

隐患现象

！未安装防小动物的挡板

！未安装防小动物的挡板并设置台阶

！有水泥门槛但未安装防小动物的挡板

！安装的防小动物挡板过低

！安装防小动物的挡板破损

！安装木质材料的防小动物挡板

防范措施

工厂企业内的配电室，要按照《10kV 及以下变电所设计规范》（GB 50053—2013）中，第 6.2.4 条中的规定：

变压器室、配电室、电容器室等应设置防止雨、雪和蛇、鼠类小动物从采光窗、通风窗、门、电缆沟等进入室内的设施。

工厂企业内的配电室，为了防止小动物造成的短路事故，要按照《变电站运行导则》（DL/T 969—2005）中，第 8.7.1 条中的规定：

配电室、电容器室出入口应有一定高度的防小动物挡板，临时撤掉时应有相应措施。

整改结果

安装了防小动物挡板的配电室

安全隐患1-9

配电柜的电源导线直接引出

隐患现象

！导线从配电柜锋利的柜边通过

！配电柜后面电源导线凌乱引出

！电源导线充斥配电柜背面通道

！电源导线随意拉出柜外

！配电柜底部未安装防护装置

！配电柜未采用地沟敷设方式

防范措施

配电柜在安装时，要按照《低压配电设计规范》（GB 50054—2011）中，第 4.2.1 条中的规定：

落地式配电箱的底部宜抬高，高出地面的高度室内不应低于 50mm，室外不应低于 200mm；其底座周围应采取封闭措施，并应能防止鼠、蛇类等小动物进入箱内。

配电柜电源线路的敷设，要按照《低压配电设计规范》（GB 50054—2011）中，第 7.1.1 条的规定：

配电线路的敷设，应符合下列条件：

（1）与场所环境的特征相适应；

（2）与建筑物和构筑物的特征相适应；

（3）能承受短路可能出现的机电应力；

（4）能承受安装期间或运行中布线可能遭受的其他应力和导线的自重。

要按照《低压配电设计规范》（GB 50054—2011）中，第 4.3.4 条中的规定：

配电室内的电缆沟，应采取防水和排水措施。配电室的地面宜高出本层地面 50mm 或设置防水门槛。

不能用导线直接从配电柜内连接，配电柜电源线路用导管敷设，要按照《1kV 及以下配线工程施工与验收规范》（GB 50575—2010）中，第 4.1.4 条中的规定：

进入落地式配电箱（柜）底部的导管，排列应整齐，管口宜高出配电箱（柜）底面 50～80mm。

整改结果

底部抬高及用电缆沟布线敷设的配电柜

安全隐患1-10

配电室外电源导线未按规定敷设

隐患现象

！违规从配电室通风孔引出电源导线

！室外线槽敷设不规范

！电源导线穿墙孔未按照规定敷设

！架空电源导线未按照规定敷设

！多回路电源导线无防护同孔穿出

！接近地面电源导线未进行套管等防护

防范措施

➡ 敷设配电室电源线路时，导线穿过穿墙孔时，要按照《施工现场临时用电安全技术规范》（JGJ46—2005）中，第7.3.4条的规定：

架空进户线的室外端应采用绝缘子固定，过墙处应穿管保护，距地面高度不得小于2.5m，并应采取防雨措施。

➡ 穿墙孔内电源线路敷设完毕后，要按照《1kV及以下配线工程施工与验收规范》（GB50575—2010）中，第3.0.5条的规定：

配线工程施工结束后，应将配线施工时剔凿的建筑物和构筑物的孔、洞、沟、槽等修补完整；线路穿越楼板或防火墙、管道井、电气竖井、设备间等防火分隔处应做好防火封堵。

➡ 配电室进出的电源绝缘导线敷设，要按照《低压配电设计规范》（GB 50054—2011）中，第7.1.2条的规定：

配电线路的敷设环境，应符合下列规定：①应避免由外部热源产生的热效应带来的损害；②应防止在使用过程中因水的侵入或因进入固体物带来的损害；③应防止外部的机械性损害；④在有大量灰尘的场所，应避免由于灰尘聚集在布线上对散热带来的影响；⑤应避免由于强烈日光辐射带来的损害；⑥应避免腐蚀或污染物存在的场所对布线系统带来的损害；⑦应避免有植物和（或）霉菌衍生存在的场所对布线系统带来的损害；⑧应避免有动物的情况对布线系统带来的损害。

➡ 配电室进出的电源绝缘导线，采用金属导管和金属槽盒布线时，要按照《低压配电设计规范》（50054—2011）中规定。

第7.2.9条：同一回路的所有相线和中性线，应敷设在同一金属槽盒内或穿于同一根金属导管内。

第7.2.14条：同一路径无妨干扰要求的线路，可敷设于同一金属管或金属槽盒内。金属导管或金属槽盒内导线的总截面积不宜超过其截面积的40%，且金属槽盒内载流量导线不宜超过30根。

表1-2～表1-4分别为护套绝缘导线至地面的最小距离，屋内、屋外布线时的导线最小间距，导线至建筑物的最小间距。

表1-2　　护套绝缘导线至地面的最小距离（m）

布线方式	最小距离	
水平敷设	屋内	2.5
	屋外	2.7
垂直敷设	屋内	1.8
	屋外	2.7

表 1-3　屋内、屋外布线时的导线最小间距

支持点间距（m）	导线最小间距（mm）	
	屋内布线	屋外布线
≤1.5	50	100
>1.5，且≤3	75	100
>3，且≤6	100	150
>6，且≤10	150	200

表 1-4　导线至建筑物的最小间距（mm）

布线方式		最小间距
水平敷设时的垂直间距	在阳台、平台上和跨越建筑物顶	2500
	在窗户上	200
	在窗户下	800
垂直敷设时至阳台、窗户的水平间距		600
导线至墙壁和构架的间距（挑檐下除外）		35

整改结果

用金属线槽敷设或用电缆沟进行电源线路敷设

安全隐患1-11

配电室的门开启方向与安装要求相反

隐患现象

！向内开启的防火门

防范措施

➡ 工厂企业内设置的配电室，要按照《3～110kV 高压配电装置设计规范》（GB 50060—2008）中，第 7.1.4 条的规定：

配电装置室的门应设置向外开启的防火门，并应装弹簧锁，严禁采用门闩；相邻配电装置室之间有门时，应能双向开启。

➡ 要按照《低压配电设计规范》（GB 50054—2011）中，第 4.3.2 条的规定：

配电室长度超过 7m 时，应设 2 个出口，并宜布置在配电室的两端。当配电室双层布置时，楼上配电室的出口应至少设一个通向该层走廊或室外的安全出口。配电室的门均应向外开启，但通向高压配电室的门应为双向开启门。

➡ 工厂企业在车间内自建的配电室，配电室安装的门，要按照《10kV 及以下变电所设计规范》（GB 50053—1994）中，第 6.2.2 条的规定：

变压器室、配电室、电容器室的门应向外开启。相邻配电室之间有门时，此门应能双向开启。

整改结果

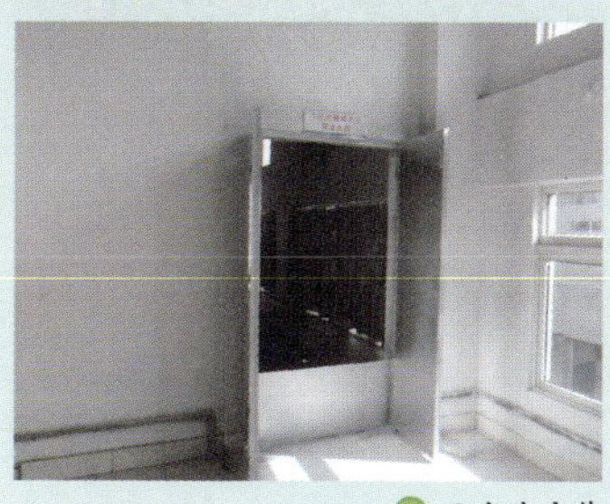

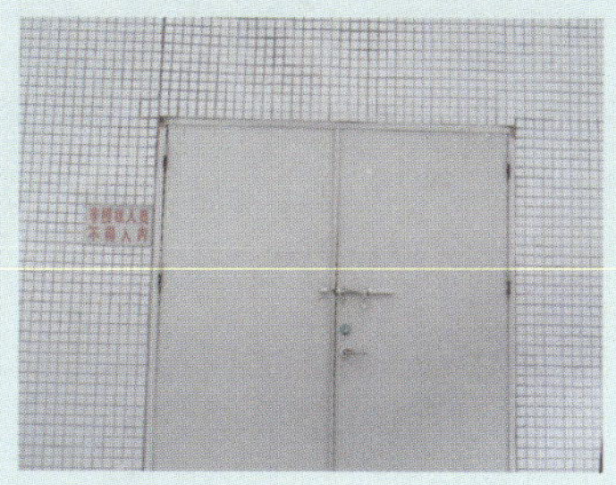

配电室安装向外开启的防火门

安全隐患1-12

配电室内警示标志违规使用

隐患现象

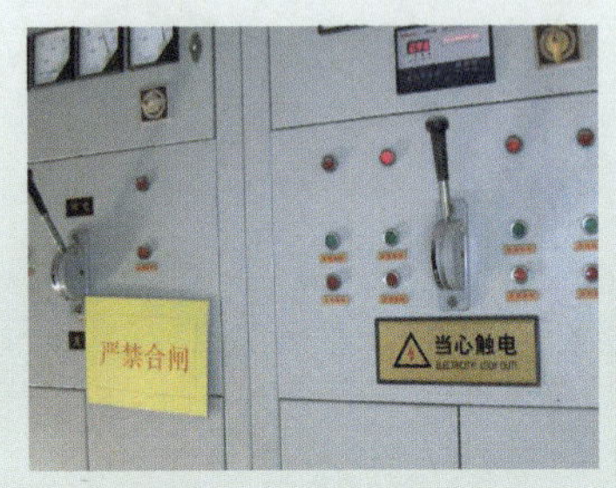

! 将停电标志牌固定在配电柜上

! 将停电标志牌悬挂在合闸的手柄上

! 将标志牌悬挂在熔断器合闸的手柄上

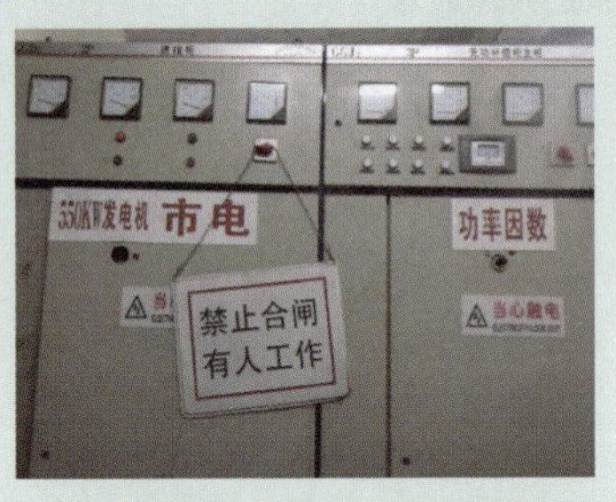

! 将标志牌悬挂在有电的转换开关手柄上

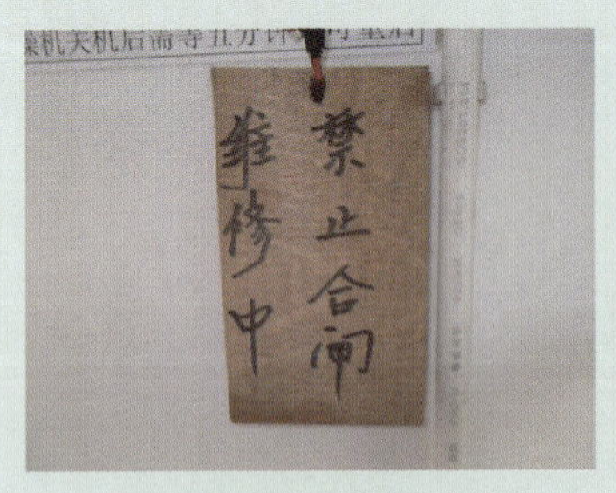

! 使用不规范的停电标志牌

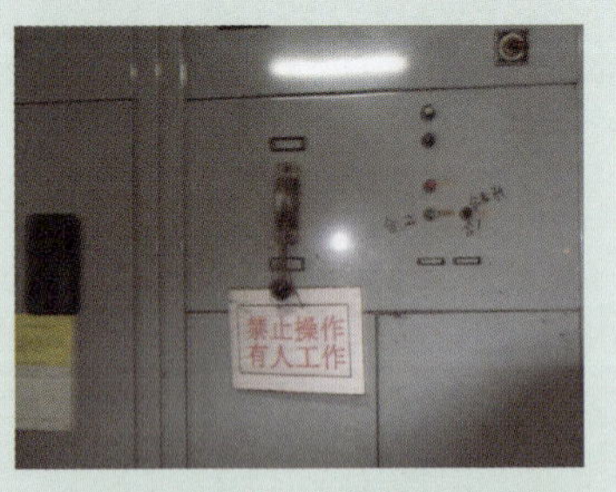

! 使用内容不符合要求的停电标志牌

防范措施

➡ 工厂企业内的配电室，在停电作业时要按照《施工现场临时用电安全技术规范》(JGJ46—2005) 中，第6.1.8条中的规定：

配电柜或配电线路停电维修时，应挂接地线，并应悬挂“禁止合闸、有人工作”停电标志牌。停送电必须由专人负责。

➡ 在电业场所工作时，悬挂的标示牌要按照《电业安全工作规程》(发电厂和变电所电气部分) (DL 408—1991) 中，第4.5.1条中的规定：

在一经合闸即可送电到工作地点的断路器（开关）和隔离开关（刀闸）的操作把手上，均应悬挂“禁止合闸，有人工作!”的标志牌。

如果线路上有人工作，应在线路断路器（开关）和隔离开关（刀闸）操作把手上悬挂“禁止合闸，线路有人工作!”的标志牌，标志牌的悬挂和拆除，应按调度员的命令执行。

标示牌式样见表1-5。

表1-5　标志牌式样

序号	名称	悬挂处所	式样		
			尺寸(mm)	颜色	字样
1	禁止合闸，有人工作!	一经合闸即可送电到施工设备的断路器（开关）和隔离开关（刀闸）操作把手上	200×100和80×50	白底	红字
2	禁止合闸，线路有人工作!	线路断路器（开关）和隔离开关（刀闸）把手上	200×100和80×50	红底	白字
3	在此工作!	室外和室内工作地点或施工设备上	250×250	绿底，中有直径210mm白圆圈	黑字，写于白圆圈中
4	止步，高压危险!	施工地点临近带电设备的遮栏上；室外工作地点的围栏上；禁止通行的过道上；高压试验地点；室外构架上；工作地点临近带电设备的横梁上	250×200	白底红边	黑字，有红色箭头

续表

序号	名称	悬挂处所	式样		
			尺寸（mm）	颜色	字样
5	从此上下！	工作人员上下的铁架、梯子上	250×250	绿底，中有直径 210mm 白圆圈	黑字，写于白圆圈中
6	禁止攀登，高压危险！	工作人员上下的铁架临近可能上下的另外铁架上，运行中变压器的梯子上	250×200	白底红边	黑字

整改结果

禁止合闸
有人工作

禁止合闸
线路有人工作

正规的停电标志牌

第二章

车间电气箱的安装与线路敷设

工厂企业内都离不开各种类型的电气动力配电箱和电气开关箱，车间的用电基本上都是由电气动力配电箱提供的，本章主要是指出电气动力配电箱在安装时，或电源导线进入到电气动力配电箱时的安全隐患。

安全隐患2-1

进入车间配电箱线路安装不规范

隐患现象

！进入配电箱线槽内电源导线过多

！进入配电箱导管未使用附件

！进入配电箱电源导线未套管防护

！进入配电箱线槽不配套及破损

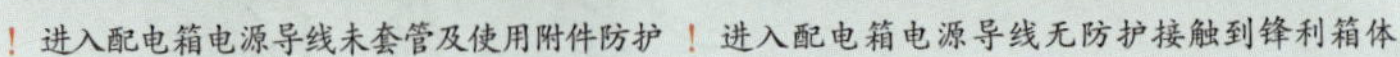

！进入配电箱电源导线未套管及使用附件防护

！进入配电箱电源导线无防护接触到锋利箱体

防范措施

车间内配电箱的进、出电源导线的敷设，要按照《施工现场临时用电安全技术规范》(JGJ46—2005) 中，第 8.1.16 条的规定：

配电箱、开关箱的进、出线口应配置固定线卡、进出线应加绝缘护套并成束卡在箱体上，不得与箱体直接接触。移动式配电箱、开关箱的进、出线应采用橡皮护套绝缘电缆，不得有接头。

配电箱外的刚性塑料绝缘导管敷设时，及管与盒（箱）等器件连接时要按照《1kV 及以下配线工程施工与验收规范》(GB 50575—2010) 中，第 4.4.2 条的规定：

导管管口应平整光滑；管与管、管与盒（箱）等器件采用承插配件连接时，连接处结合面应涂专用胶合剂，接口处牢固密封。

金属配电箱引入和引出的孔洞处，铁皮的边缘是较锋利的，塑料绝缘导线和软电缆线通过时，要按照《电力建设安全工作规程》(火力发电厂部分) (DL5009.1—2002) 中，第 6.2.13 条的规定：

导线进出开关柜或配电箱的线段应加强绝缘并采取固定措施。

配电箱引入和引出的塑料绝缘导线和软电缆线，要按照《施工现场临时用电安全技术规范》(JGJ46—2005) 中，第 8.1.16 条的规定：

配电箱、开关箱的进、出线口应配置固定线卡、进出线应加绝缘护套并成束卡在箱体上，不得与箱体直接接触。移动式配电箱、开关箱的进、出线应采用橡皮护套绝缘电缆，不得有接头。

整改结果

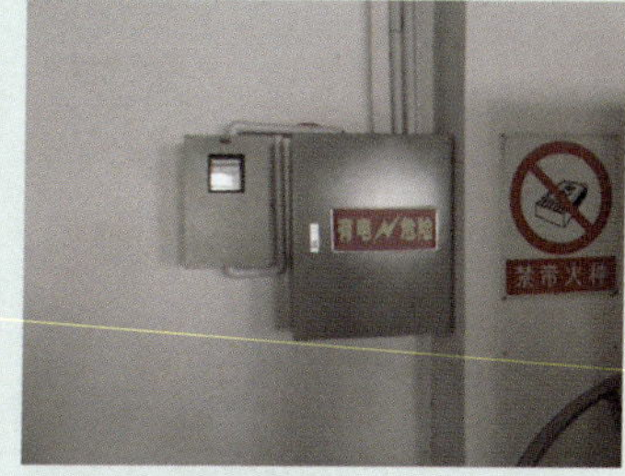

出入配电箱电源导线正规敷设

安全隐患2-2

塑料导线直接从电气箱内铁皮孔中穿过

隐患现象

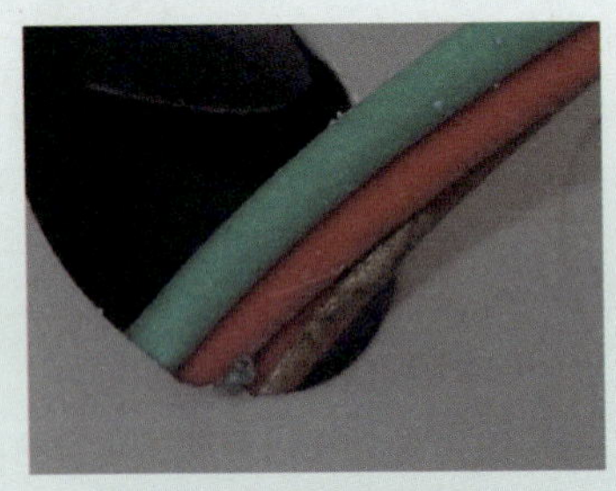

！塑料导线与锋利铁皮摩擦

！塑料导线穿过金属圆孔

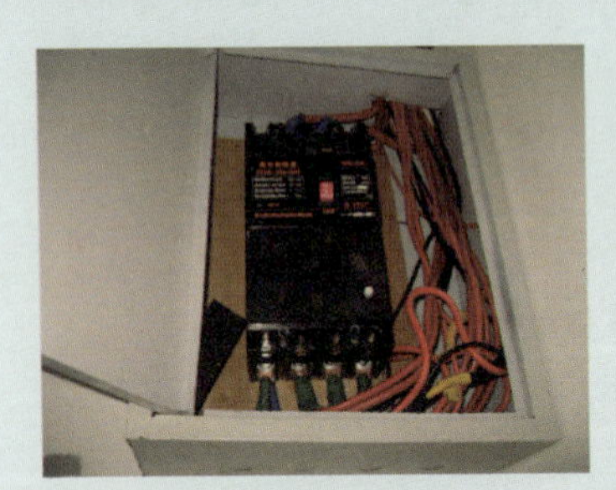

！塑料导线直接从自开孔内挤入

！箱体间导线穿入未采取防护措施

！导线直接插入有锋利边缘的自开孔内

！未使用附件多孔穿入

防范措施

配电箱在引出箱体的导线敷设时，在采用塑料线导管（槽）布线时，要按照《民用建筑电气设计规范》（JGJ/T16—2008）中，第8.7.13条的规定：

塑料线导管（槽）布线，在线路连接、转角、分支及终端处应采用相应附件。

配电箱的导线在敷设时，要按照《施工现场临时用电安全技术规范》（JGJ46—2005）中，第8.3.11条的规定：

配电箱、开关箱的进线和出线严禁承受外力，严禁与金属尖锐断口、强腐蚀介质和易燃易爆物接触。

电源导线在进、出配电箱时，塑料绝缘导线的防护，要按照《电力建设安全工作规程》（火力发电厂部分）（DL5009.1—2002）中，第6.2.13条的规定：

导线进出开关柜或配电箱的线段应加强绝缘并采取固定措施。

整改结果

塑料导线通过线槽敷或导管进入电气箱

安全隐患2-3

电气箱内电源导线颜色混乱

隐患现象

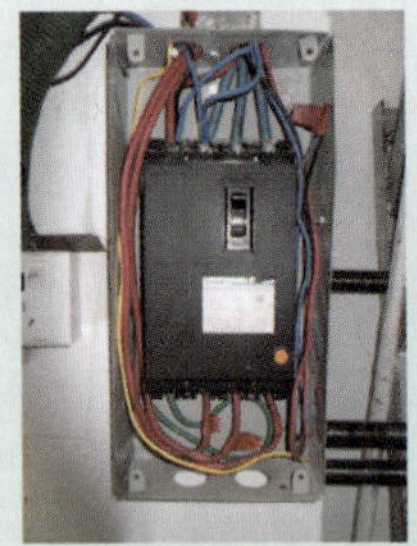

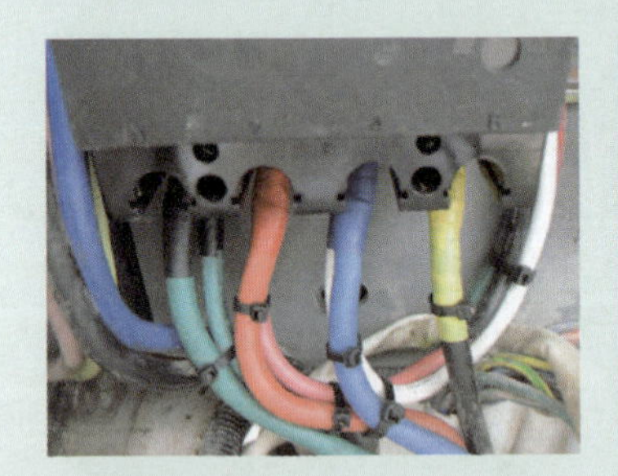

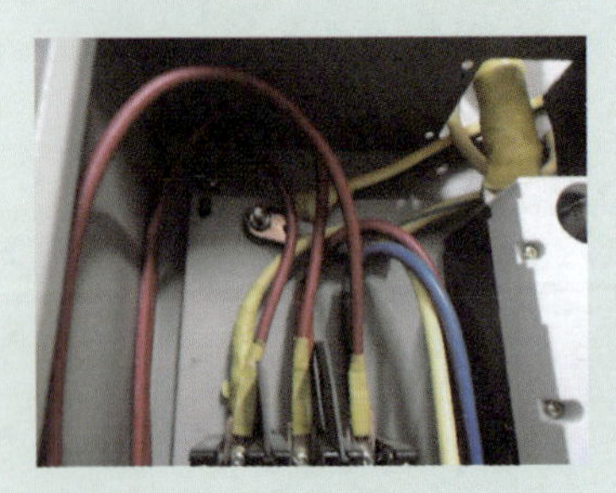

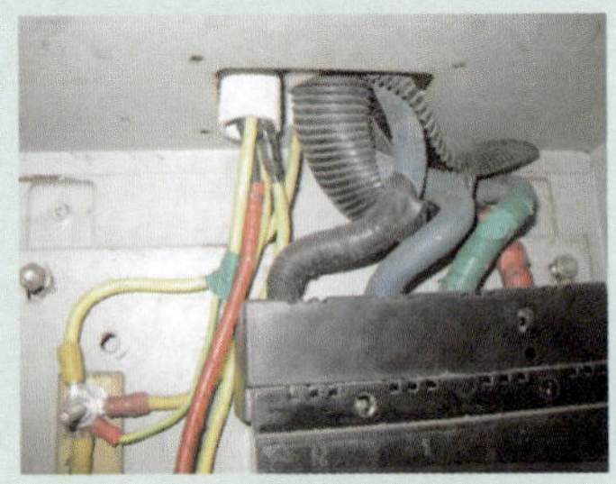

! 导线颜色混乱

防范措施

在开关箱内塑料导线绝缘层的颜色，要按照《1kV 及以下配线工程施工与验收规范》（GB 50575—2010）中，第 5.1.1 条的规定：

同一建筑物、构筑物的各类电线绝缘层颜色选择应一致，并应符合下列规定：

（1）保护地线（PE）应为绿、黄相间色。

（2）中性线（N）应为淡蓝色。

（3）相线应符合下列规定：①L1 应为黄色；②L2 应为绿色；③L3 应为红色。

整改结果

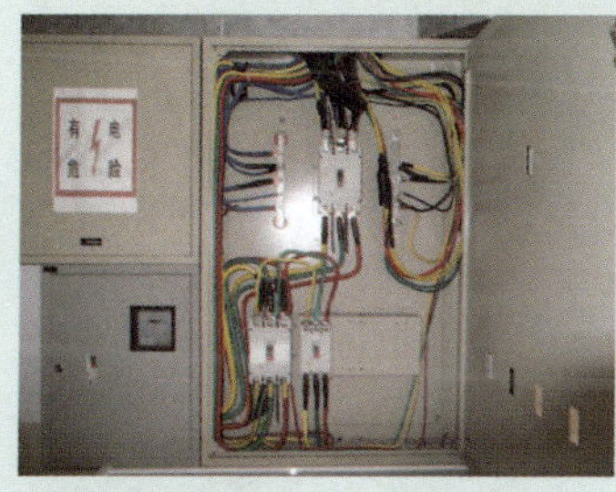

电气箱内导线颜色按照规范规定配置

安全隐患2-4

电气箱内安装的电器违规在箱外安装

隐患现象

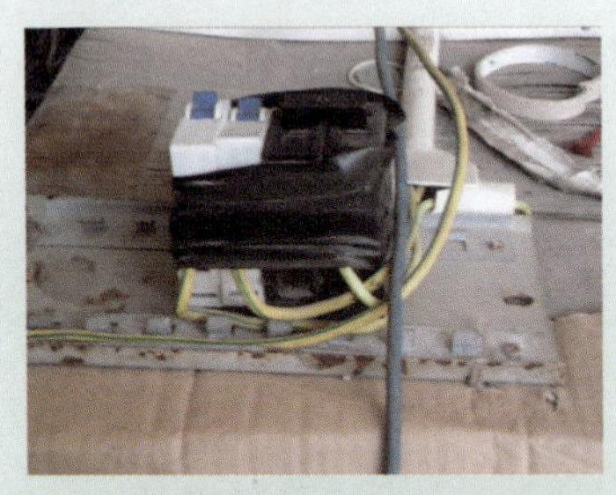

! 将内装式开关直接进行外安装

! 将内安装式断路器直接安装在墙壁上

! 将导轨及内安装的断路器直接安装在墙壁上

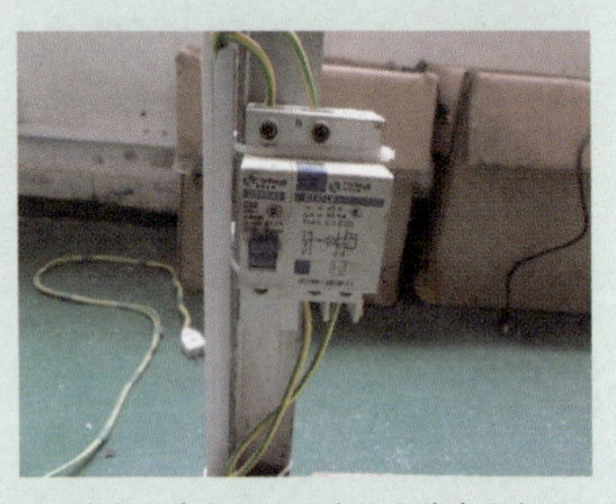

! 将内安装式断路器直接安装在支架上

! 将内安装式断路器直接安装在电气箱上

! 将内安装式断路器直接绑扎在导管附件上

防范措施

➡ 车间内使用的开关箱要安装牢固，不得有外露的带电端子，要按照《电力建设安全工作规程》（火力发电厂部分）（DL5009.1—2002）中，第6.2.12条的规定：

开关柜或配电箱应坚固，其结构应具备防火、防雨的功能。箱、柜内的配线应绝缘良好，排列整齐，绑扎成束并固定牢固。导线剥头不得过长，压接应牢固。盘面操作部位不得有带电体明露。

➡ 开关箱的外壳制作，要按照《施工现场临时用电安全技术规范》（JGJ46—2005）中，第8.1.7条的规定：

配电箱、开关箱应采用冷轧钢板或阻燃绝缘材料制作，钢板厚度应为1.2～2.0mm，其中开关箱箱体钢板厚度不得小于1.2mm，配电箱箱体网板厚度不得小于1.5mm，箱体表面应做防腐处理。

➡ 配电箱内安装的断路器，不得随意性地改变安装位置，应按照《施工现场临时用电安全技术规范》（JGJ46—2005）中，第8.3.10条的规定：

配电箱、开关箱内的电器配置和接线严禁随意改动。

整改结果

将内安装式电器安装在电气开关箱内的金属板上

安全隐患2-5

从开关箱盒违规直接引出导线

隐患现象

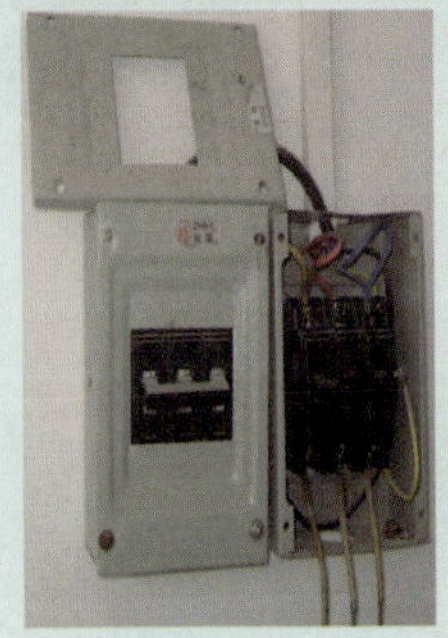

! 从开关箱盒直接引出导线

防范措施

开关箱在安装与使用的过程中，开关箱不能有外露的带电体，要将开关箱的盖板安装好以后，才能接通开关通电使用，要按照《电力建设安全工作规程》（火力发电厂部分）（DL5009.1—2002）中，第 6.2.12 条的规定：

开关柜或配电箱应坚固，其结构应具备防火、防雨的功能。箱、柜内的配线应绝缘良好，排列整齐，绑扎成束并固定牢固。导线剥头不得过长，压接应牢固。盘面操作部位不得有带电体明露。

车间内开关箱的引出的导线和软电缆线，不能接触到开关箱金属外壳的铁皮上，要按照《施工现场临时用电安全技术规范》（JGJ46—2005）中，第 8.3.11 条的规定：

配电箱、开关箱的进线和出线严禁承受外力，严禁与金属尖锐断口、强腐蚀介质和易燃易爆物接触。

整改结果

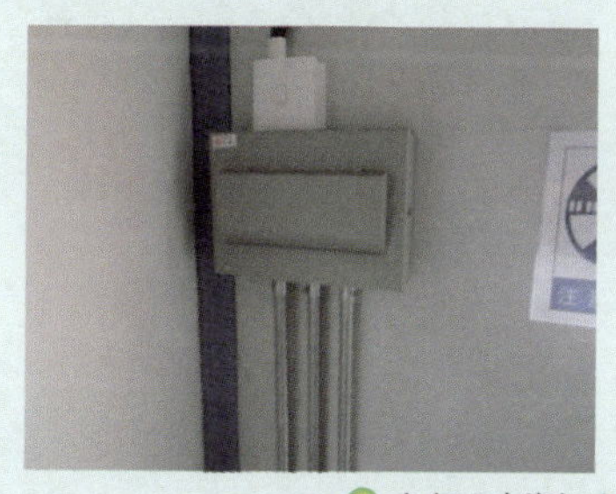

电气开关箱电源导线用导管引出箱外

安全隐患2-6

电气开关箱导管未正确使用附件

隐患现象

! 电气开关箱未使用导管附件

! 电气开关箱使用的导管及附件破损

! 电气开关箱未使用导管附件及违规安装

! 电气开关箱使用的导管附件脱离

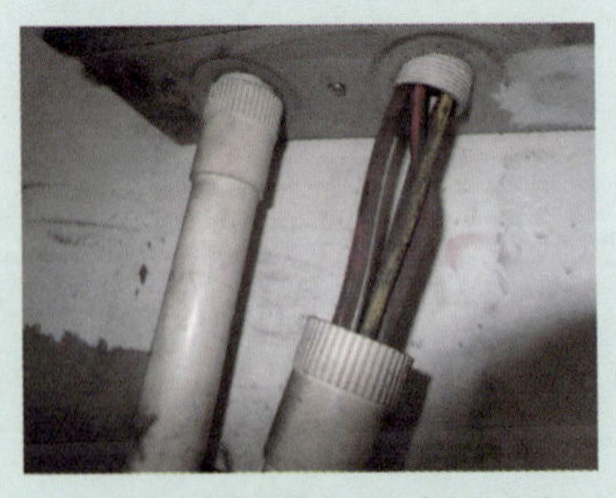

! 电气开关箱导管附件被外力拉脱离

! 电气开关使用的导管与附件不配套

防范措施

配电箱外的线路敷设，在采用塑料线导管（槽）布线时，要按照《民用建筑电气设计规范》(JGJ/T16—2008) 中，第 8.7.13 条的规定：

塑料线导管（槽）布线，在线路连接、转角、分支及终端处应采用相应附件。

车间内配电箱的进、出电源导线的敷设，要按照《施工现场临时用电安全技术规范》(JGJ46—2005) 中，第 8.1.16 条的规定：

配电箱、开关箱的进、出线口应配置固定线卡、进出线应加绝缘护套并成束卡在箱体上，不得与箱体直接接触。移动式配电箱、开关箱的进、出线应采用橡皮护套绝缘电缆，不得有接头。

配电箱外的刚性塑料绝缘导管敷设时，及管与盒（箱）等器件连接时要按照《1kV 及以下配线工程施工与验收规范》(GB 50575—2010) 中，第 4.4.2 条的规定：

导管管口应平整光滑；管与管、管与盒（箱）等器件采用承插配件连接时，连接处结合面应涂专用胶合剂，接口处牢固密封。

整改结果

使用附件安装的电气开关箱

安全隐患2-7

线槽内导线敷设过密

隐患现象

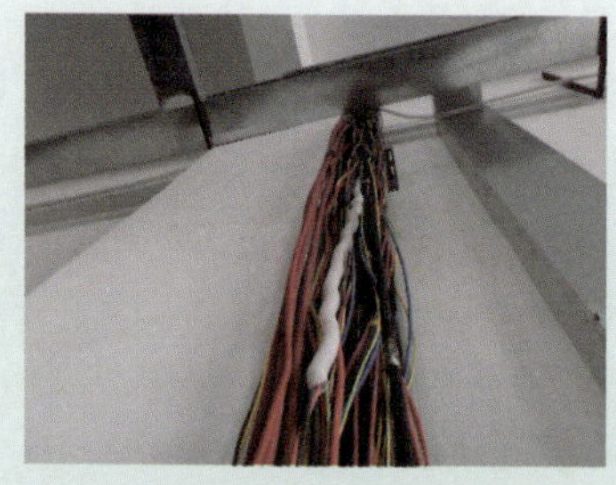

！线槽内各类导线超过容积

！线槽内各类导线凌乱地混合敷设

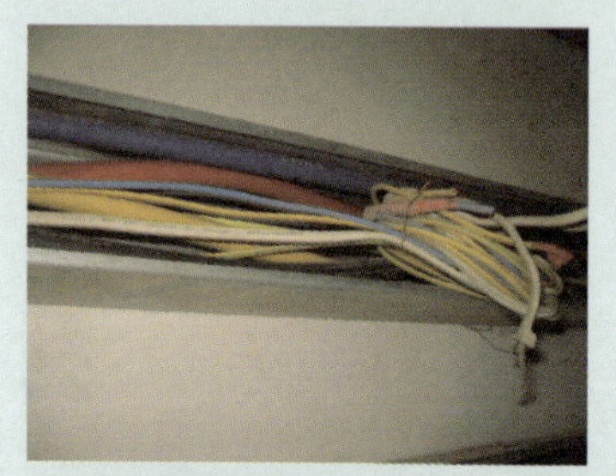

！线槽内留过多导线及有接导线头

！线槽内导线过多无法盖盖板

！线槽盖板损坏后未及时地进行补上

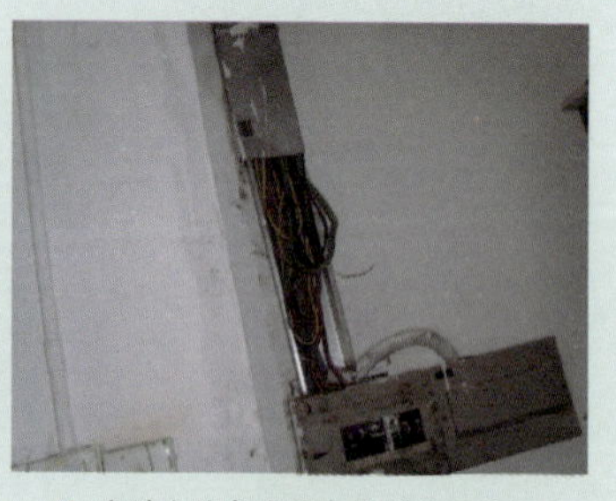

！线槽内修复线路未及时盖上盖板

防范措施

在金属线槽内敷设导线，对于多余的电源导线，在保留必要的长度后，要将剩余的导线剪除，不可全部地放置在线槽内，要按照《1kV 及以下配线工程施工与验收规范》(GB 50575—2010) 中，第 5.3.1 条的规定：

同一路径无抗干扰要求的电线可敷设于同一线槽内；线槽内电线的总截面面积（包括外护层）不应超过线槽内截面面积的 20%，载流的电线不宜超过 30 根。仅为控制和信号的电线在线槽内敷设，其总截面面积（包括外护层）不应大于线槽内截面面积的 50%，电线的根数可不限。

电线敷设在垂直的线槽内，每段至少应有一个固定点，当直线段长度大于 3.2m 时，应每隔 1.6m 将电线固定在线槽内壁的专用部件上。

电线在线槽内应有一定余量，并应按回路编号分段绑扎，绑扎点间距不应大于 1.5m。

要严格按照《建筑电气工程施工质量验收规范》(GB 50303—2002) 的要求进行，《建筑电气工程施工质量验收规范》第 15.2.3 条第 1 节中规定：

电线在线槽内有一定余量，不得有接头。电线按回路编号分段绑扎，绑扎点间距不应大于 2m。

金属线槽进行电源线路的敷设，要严格按照《建筑电气工程施工质量验收规范》(GB 50303—2002) 中，第 16.1.1 条的规定：

槽板内电线无接头，电线连接设在器具处；槽板与各种器具连接时，电线应留有余量，器具底座应压住槽板端部。

金属线槽进行电源线路的敷设后，要按照《1kV 及以下配线工程施工与验收规范》(GB 50575—2010) 中，第 5.3.2 条的规定：

电线敷设后，应将线槽盖板复位，复位后盖板应齐全、平整牢固。

整改结果

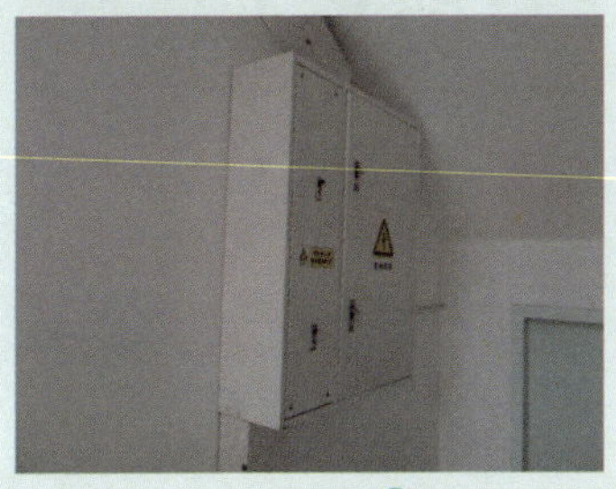

使用正规线槽敷设的电气开关箱

安全隐患2-8

电气箱未安装N或PE端子排

隐患现象

！电气开关箱内无N及PE端子排

！电气开关箱内用缠绕方式连接PE线

！电气开关箱内无PE端子排

！电气开关箱内无N及PE端子排

！电气开关箱内用缠绕方式连接N及PE线

防范措施

电气箱中的保护导体和中性导体，要按照《低压配电设计规范》（GB 50054—2011）中，第3.2.12条的规定：

当从电气系统的某一点起，由保护接地中性导体改变为单独的中性导体和保护导体时，应符合下列规定：

（1）保护导体和中性导体应分别设置单独的端子或母线；

（2）保护接地中性导体应首先接到为保护导体设置的端子或母线上；

（3）中性导体不应连接到电气系统的任何其他的接地部分。

《施工现场临时用电安全技术规范》（JGJ46—2005）中，第8.1.11条规定：

配电箱的电器安装板上必须分设N线端子板和PE线端子板。N线端子板必须与金属电安装板绝缘；PE线端子板必须与金属电器安装板做电气连接。

进出线中的N线必须通过N线端子板连接；PE线必须通过PE线端子板连接。

第8.1.12条规定：配电箱、开关箱内的连接线必须采用铜芯绝缘导线。绝缘导线的颜色标志应按本规范第5.1.11条要求配置并排列整齐；导线分支接头不得采用螺栓压接，应采用焊接并做绝缘包扎，不得有外露带电部分。

《建筑电气照明装置施工与验收规范》（GB 50617—2010）中，第6.0.3条规定：

箱（板）内相线、中性线（N）、保护接地线（PE）的编号应齐全、正确；配线应整齐，无绞接现象；电线连接应紧密，不得损伤芯线和断股，多股电线应压接接线端子或搪锡；螺栓垫圈下两侧压的电线截面积应相同，同一端子上连接的电线不得多于2根。

整改结果

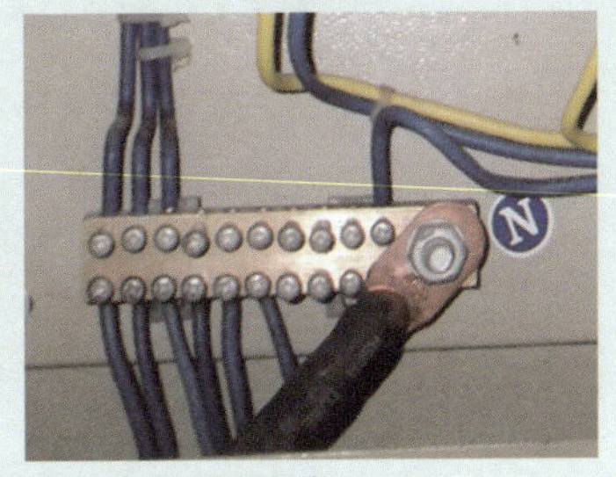

安装有N或PE端子排且正规连接的电气箱

安全隐患2-9

电气箱内线路采用TN-C系统

隐患现象

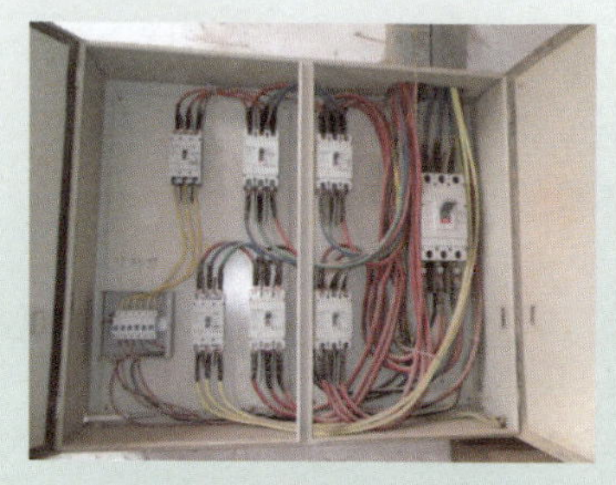

！电气开关箱内无 PE 线

！电气开关箱内无 PE 线

！电气开关箱内为 PEN 线

！箱内断路器 N 端子未接线只有 PEN 线

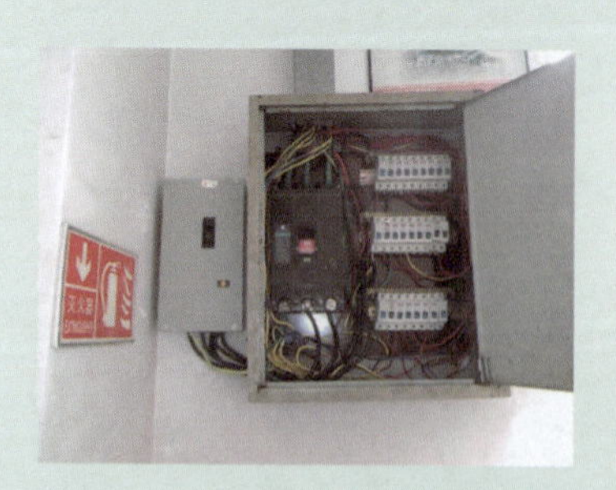

！电气开关箱内为三相三线断路器，只引入箱内一根 PEN 线

防范措施

在 TN 的电力系统中，要安装漏电保护装置，车间内不得采用 TN-C 系统，要按照《剩余电流动作保护装置安装和运行》（GB 13955—2005）中，第 4.2.2.1 条的规定：

（1）采用剩余电流保护装置的 TN-C 系统，应根据电击防护措施的具体情况，将电气设备外露可接近导体独立接地，形成局部 TT 系统。

（2）在 TN 系统中，必须将 TN-C 系统改造为 TN-C-S，TN-S 系统或局部 TT 系统后，才可安装使用剩余电流保护装置。在 TN-C-S 系统中，剩余电流保护装置只允许使用在 N 线与 PE 线分开部分。

配电箱内接零保护系统的线路，要按照规定的要求进行安装，要按照《施工现场机械设备检查技术规程》（JGJ160—2008）中，第 3.3.1 条的规定：

在 TN 接零保护系统中，通过总漏电保护器的工作零线与保护零线之间不应再作电气连接。保护零线应单独敷设，重复接地线应与保护零线相连接。

整改结果

电气箱正规的 TN-S 系统安装

安全隐患2-10

电器安装在可燃材料上

隐患现象

! 电气开关箱内全部的电器部件及导线均安装在可燃性的材料（木板）上

防范措施

配电箱内的电器与导线，不得安装在可燃性的材料（木板）上，要按照《住宅装饰装修工程施工规范》（GB 50327—2001）中，第4.4.2条的规定：

配电箱的壳体和底板宜采用A级材料制作。配电箱不得安装在B2级以下（含B2级）的装修材料上。开关、插座应安装在B1级以上的材料上。

车间内的配电箱在安装时，配电箱的内部电器的安装板，要使用金属材料或绝缘材料，要按照《施工现场临时用电安全技术规范》（JGJ46—2005）中，第8.1.9条的规定：

配电箱、开关箱内的电器（含插座）应先安装在金属或非木质阻燃绝缘电器安装板上，然后方可整体紧固在配电箱、开关箱箱体内。

整改结果

电气开关箱内全部的电器部件及导线均安装在非可燃材料（金属板）上

安全隐患2-11

电气箱进出导线未使用阻燃性导管

隐患现象

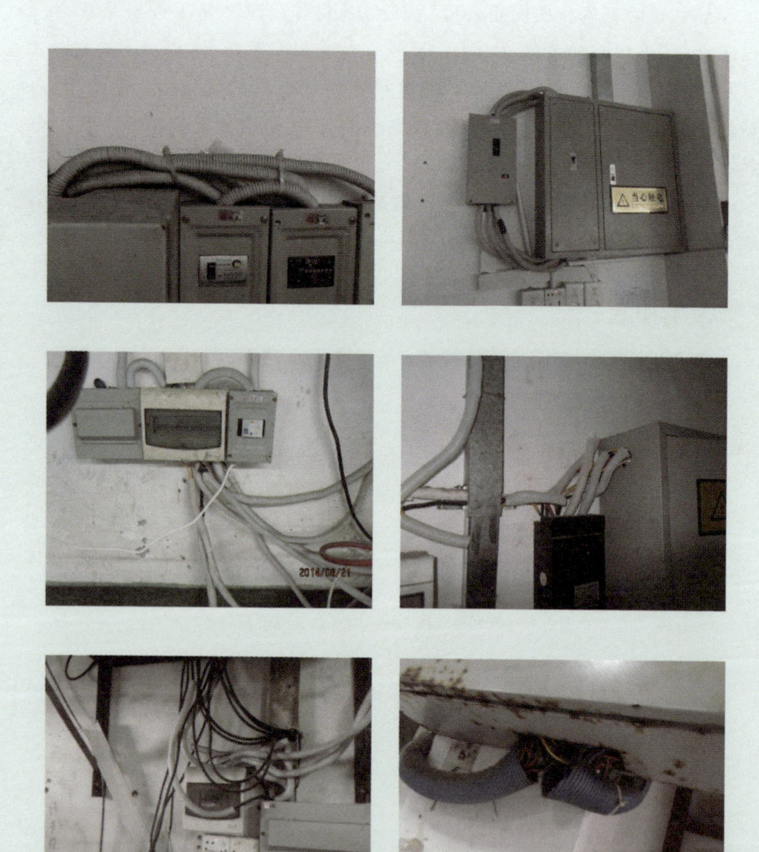

! 引入及引出的电源导线使用非阻燃材料导管

防范措施

➡ 电源线路导管的敷设，要按照《1kV及以下配线工程施工与验收规范》(GB 50575—2010) 中，第3.0.12条的规定：

配线工程用的塑料绝缘导管、塑料线槽及其配件必须由阻燃材料制成，导管和线槽表面应有明显的阻燃标识和制造厂厂标。

➡ 要按照《施工现场临时用电安全技术规范》(JGJ 46—2005) 中，第7.3.2条的规定：室内配线应根据配线类型采用瓷瓶、瓷（塑料）夹、嵌绝缘槽、穿管或钢索敷设。

➡ 室内导线的接头，要按照《住宅装饰装修工程施工规范》(GB 50327—2001) 中，第16.3.8条的规定：穿入配管导线的接头应设在接线盒内，接头搭接应牢固，绝缘带包缠应均匀紧密。

➡ 绝缘导管与附件之间的连接，应按照《1kV及以下配线工程施工与验收规范》(GB 50575—2010) 中，第4.4.2条的规定：

导管管口应平整光滑；管与管、管与盒（箱）等器件采用承插配件连接时，连接处结合面应涂专用胶合剂，接口处牢固密封。

➡ 室内绝缘导管在敷设时，要按照《民用建筑电气设计规范》(JGJ 16—2008) 中，第8.6.11条的规定：刚性塑料导管（槽）布线，在线路连接、转角、分支及终端处应采用专用附件。

整改结果

引入及引出电气开关箱电源导线采用阻燃材料导管

安全隐患2-12

一个开关箱连接多台电气设备

隐患现象

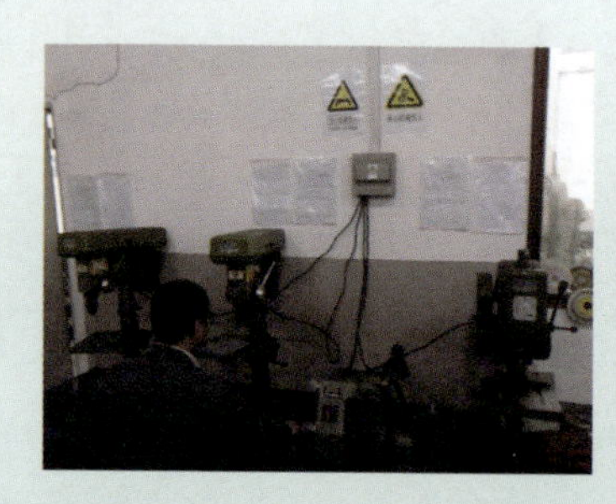

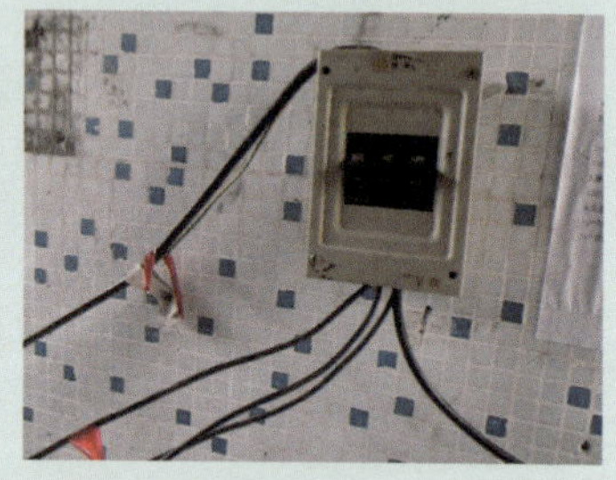

！一个开关控制两台及以上电气设备

防范措施

车间内使用的电气设备要有其独立性，不可用一个开关箱控制多台的电气设备，要按照《施工现场临时用电安全技术规范》（JGJ46—2005）中，第8.1.3条的规定：每台用电设备必须有各自专用的开关箱，严禁用同一个开关箱直接控制2台及2台以上用电设备（含插座）。

配电箱的导管可采用钢导管或可弯曲金属导管，与电气设备电源线的连接，要按照《1kV及以下配线工程施工与验收规范》（GB 50575—2010）中的规定。

第4.2.5条：钢导管与盒（箱）或设备的连接应符合下列规定：

(1) 暗配的非镀锌钢导管与盒（箱）连接可采用焊接连接，管口宜凸出盒（箱）内壁3mm～5mm，且焊后在焊接处补涂防腐漆，防腐漆颜色应与盒（箱）面漆的颜色基本一致。

(2) 明配的钢导管或非镀锌钢导管与盒（箱）连接均应采用螺纹连接，用锁紧螺母进行连接固定，管端螺纹宜外露锁紧螺母2扣～3扣。紧定式或扣压式镀锌钢导管均应选用标准的连接部件。

(3) 钢导管与用电设备直接连接时，宜将导管配入到设备的接线盒内。

(4) 钢导管与用电设备间接连接时，宜经可弯曲导管或柔性导管过渡，可弯曲导管或柔性导管与钢导管端部和设备接线盒的连接固定均应可靠，且有密封措施。

(5) 钢导管与用电设备间接连接的管口距地面或楼面的高度宜大于200mm。

第4.3.1条：钢导管与电气设备器具间可采用可弯曲金属导管或金属软管等做过渡连接，其两端应有专用接头，连接可靠牢固、密封良好。潮湿或多尘场所应采用能防水的导管。过渡连接的导管长度，动力工程不宜超过0.8m，照明工程不宜超过1.2m。

整改结果

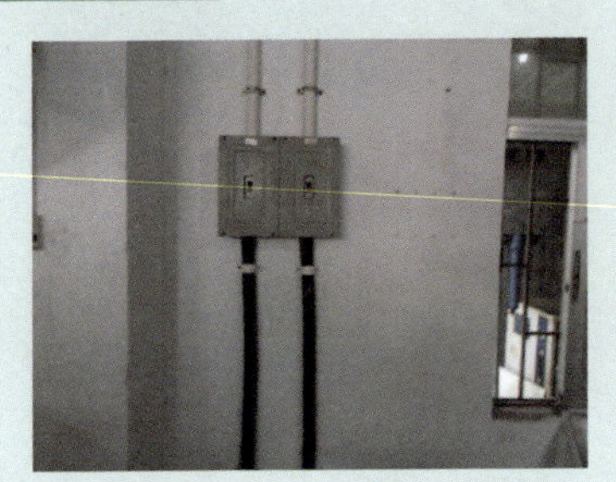

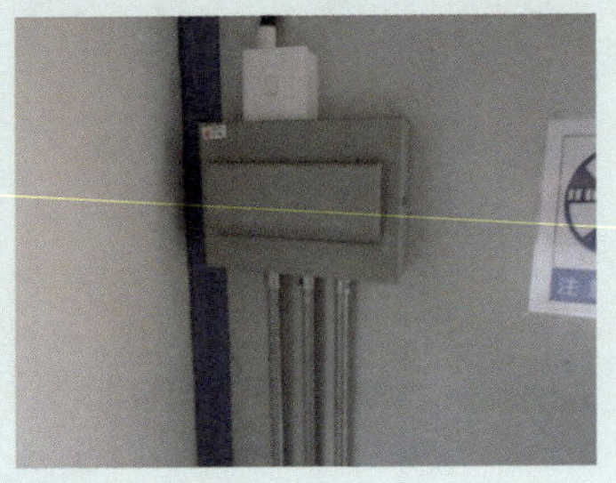

电气箱与电气设备正规的导管敷设

安全隐患2-13

开开关箱安装未避开加工物飞溅区

隐患现象

！电气开关箱安装在油污液体的加工飞溅区域

！电气开关箱安装在油污及油浆的加工飞溅区域

！电气开关箱安装在多粉尘的加工区域

防范措施

车间内开关箱的安装位置，要尽量地避开加工液体飞溅区，要按照《施工现场临时用电安全技术规范》（JGJ46—2005）中，第 8.1.5 条的规定：

配电箱、开关箱应装设在干燥、通风及常温场所，不得装设在有严重损伤作用的瓦斯、烟气、潮气及其他有害介质中，亦不得装设在易受外来固体物撞击、强烈振动、液体浸溅及热源烘烤场所。否则，应予清除或做防护处理。

车间内开关箱内电源线路的橡套软电缆线，在安装时要按照《民用建筑电气设计规范》（JGJ/T16—2008）中，第 8.1.3 条的规定：

布线系统的敷设，应避免因环境温度、外部热源、浸水、灰尘聚集及腐蚀性或污染物质存在对布线系统带来的影响和损害，并应防止在敷设和使用过程中因受冲击、振动、电线或电缆自重和建筑物的变形等各种机械应力作用而带来的损害。

整改结果

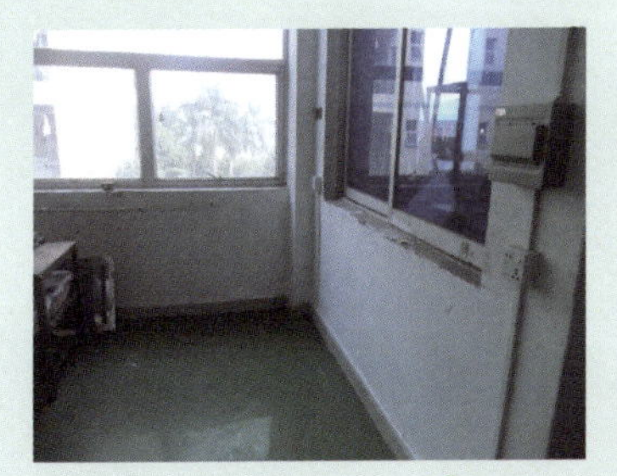

规范安装的电气开关箱

第三章

漏电保护及接地保护

漏电保护就是剩余电流动作保护装置保护，漏电保护与接地保护是对人身安全保护相当重要的措施，工厂企业的电气设备及线路都要正确地安装，这也是电工在工厂企业容易出现安全隐患的地方。

安全隐患3-1

电气箱未安装二级剩余电流动作保护装置

隐患现象

！电气开关箱内的断路器不带剩余电流动作保护装置

防范措施

车间内的剩余电流动作保护装置的保护方式的选择，要按照《剩余电流动作保护装置安装和运行》（GB 13955—2005）中，第4.4.1条的规定：

分级保护方式的选择应根据用电负荷和线路具体情况的需要，一般可分为两级或三级保护。各级剩余电流保护装置的动作电流值与动作时间应协调配合，实现具有动作选择性的分级保护。

车间内安装的开关盒，要按照TN-S系统的要求，进行电源线路的敷设。要按照《剩余电流动作保护装置安装和运行》（GB 13955—2005）中，第6.3.4条的规定：

剩余电流保护装置安装时，必须严格区分N线和PE线，三极四线式或四极四线式剩余电流保护装置的N线应接入保护装置。通过剩余电流保护装置的N线，不得作为PE线，不得重复接地或接设备外露可接近导体。PE线不得接入剩余电流保护装置。

车间内安装使用的断路器，要有分级漏电保护的功能，要按照《剩余电流动作保护装置安装和运行》（GB 13955—2005）中，第5.7.4条的规定：

在采用分级保护方式时，上下级剩余电流保护装置的动作时间差不得小于0.2s。上一级剩余电流保护装置的极限不驱动时间应大于下一级剩余电流保护装置的动作时间，且时间差应尽量小。

整改结果

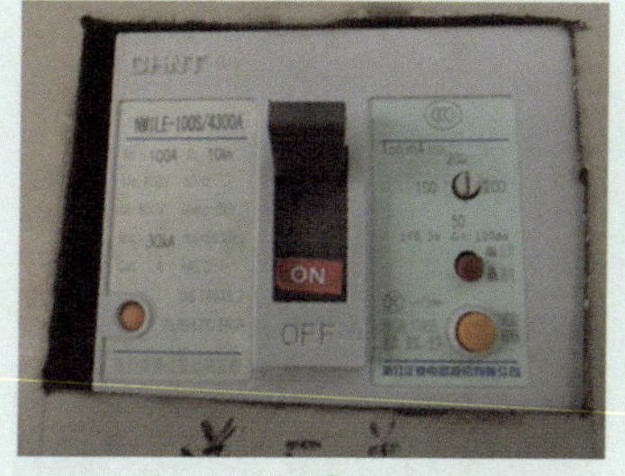

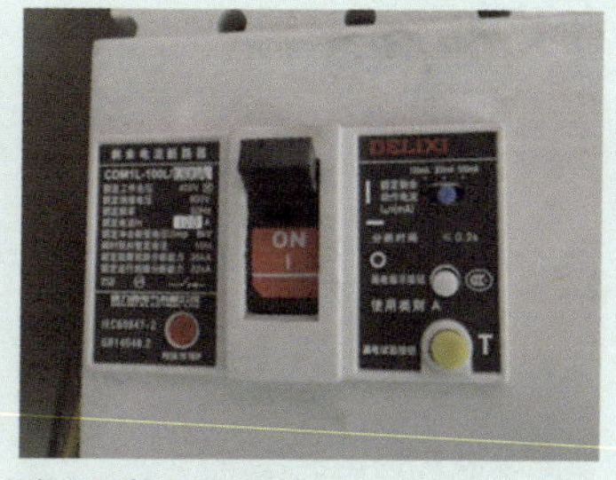

符合二级剩余电流动作保护装置的断路器

安全隐患3-2

电气设备未安装末级剩余电流动作保护装置

隐患现象

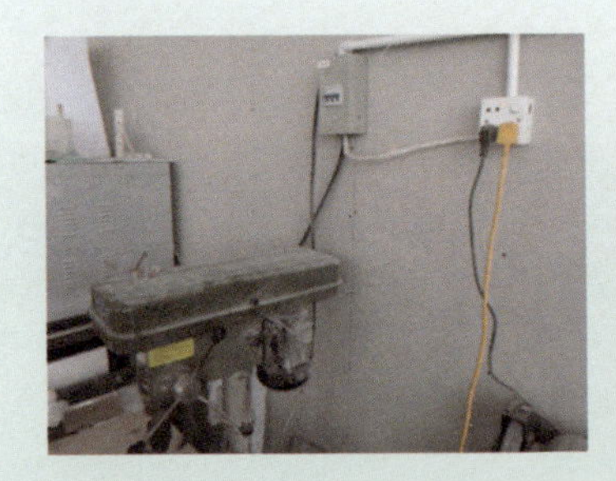
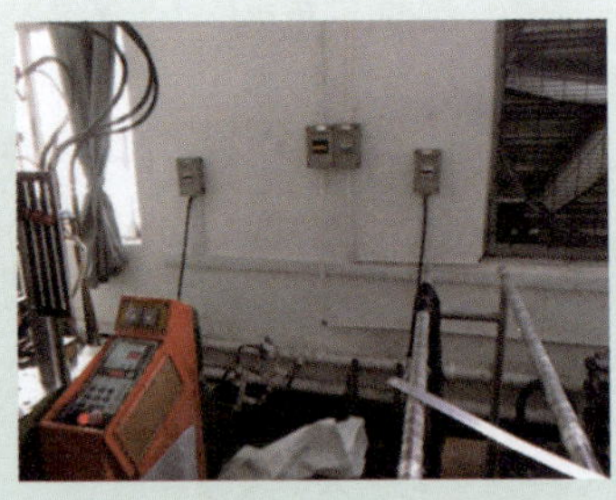

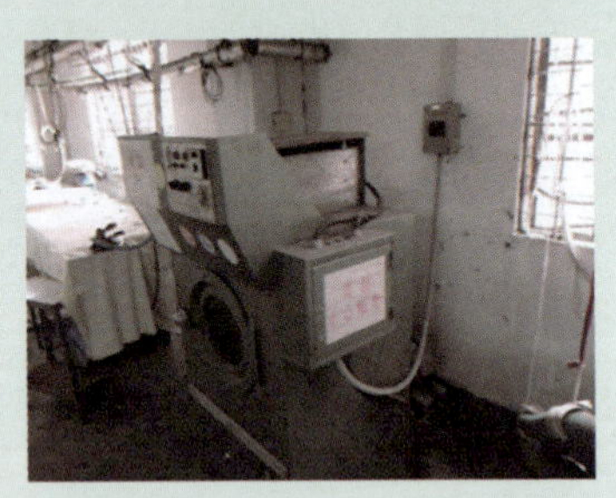

! 电气开关箱内的断路器均不带剩余电流动作保护装置

防范措施

➡ 生产车间内使用的末端电气设备，漏电保护的要求要按照《剩余电流动作保护装置安装和运行》（GB 13955—2005）中，第4.4.2条的规定：

剩余电流保护装置的分级保护应以末端保护为基础。住宅和末端用电设备必须安装剩余电流保护装置。末端保护上一级保护的保护范围应根据负荷分布的具体情况确定其保护范围。

➡ 车间内末级电气设备的剩余电流动作保护装置，要按照《剩余电流动作保护装置安装和运行》（GB 13955—2005）中，第4.1.2条的规定：

用于直接接触电击事故防护时，应选用一般型（无延时）的剩余电流保护装置。其额定剩余动作电流不超过30mA。

➡ 末端电气设备的漏电保护装置的配置，要按照《施工现场机械设备检查技术规程》（JGJ 160—2008）中，第3.3.12条的规定：

开关箱中必须安装漏电保护器，且应装设在靠近负荷的一侧，额定漏电动作电流不应大于30mA，额定漏电动作时间不应大于0.1s；潮湿或腐蚀场所应采用防溅型产品，其额定漏电动作电流不应大于15mA，额定漏电动作时间不应大于0.1s。

整改结果

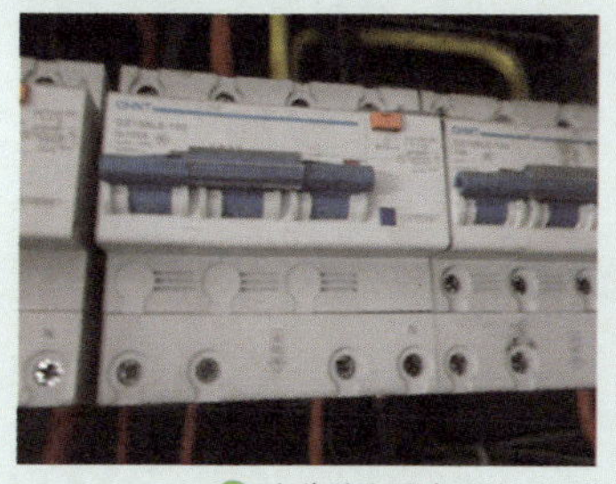

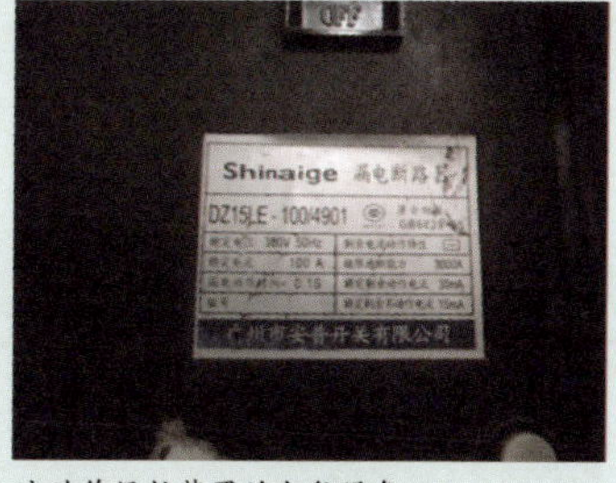

安装符合要求的末级剩余电流动作保护装置的电气设备

安全隐患3-3

末级剩余电流动作保护装置外安装

隐患现象

！在开关盒旁边外安装剩余电流动作保护装置

！在插座盒旁边外安装剩余电流动作保护装置

！在室外线路墙壁上安装剩余电流动作保护装置

！在墙壁上断路器下安装剩余电流动作保护装置

！在室内线路墙壁上安装剩余电流动作保护装置

！从导管穿孔引出导线安装剩余电流动作保护装置

防范措施

➡ 车间内的漏电断路器的安装，要按照《建筑机械使用安全技术规程》(JGJ33—2001) 中，第 3.6.10 条的规定：

漏电保护器的选择应符合现行国家标准《漏电电流动作保护器（剩余电流动作保护器）》(GB 6829) 的要求，并应按产品使用说明书的规定安装、使用和定期检查，确保动作灵敏、运行可靠、保护有效。

➡《施工现场临时用电安全技术规范》(JGJ46—2005) 中，第 8.1.9 条规定：

配电箱、开关箱内的电器（含插座）应先安装在金属或非木质阻燃绝缘电器安装板上，然后方可整体紧固在配电箱、开关箱箱体内。

整改结果

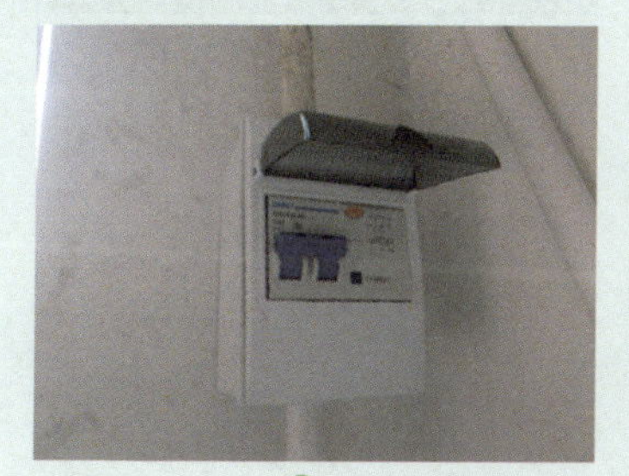

将末级剩余电流动作保护装置安装在电气箱内

安全隐患3-4

电气箱连接导线未接接地线

隐患现象

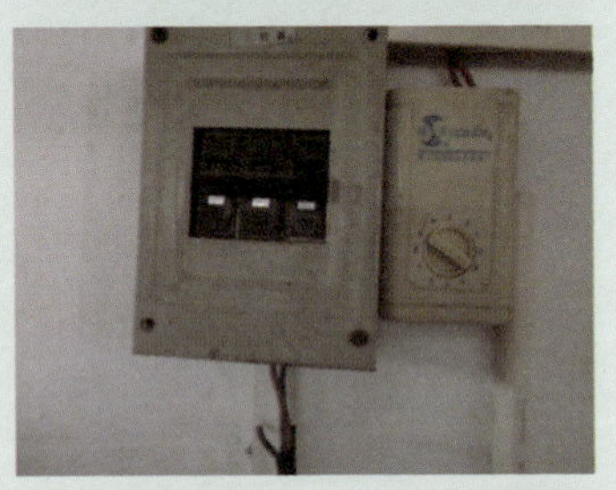

! 电气箱连接导线未接接地线

防范措施

《1kV及以下配线工程施工与验收规范》（GB 50575—2010）中，第5.1.3条规定：

电线线芯与设备、器具的连接应符合下列规定：

（1）截面面积在10mm²及以下的单股铜芯线和单股铝芯线直接与设备，器具的端子连接。

（2）截面面积在2.5mm²及以下的多股铜芯线应先拧紧搪锡或接续端子后与设备、器具的端子连接。

（3）截面面积大于2.5mm²的多股铜芯线，除设备自带插接式端子外，应接续端子后与设备、器具的端子连接；多股铜芯线与插接式端子连接前，端部应拧紧搪锡。

（4）多股铝芯线接续端子后与设备、器具的端子连接。

（5）每个设备、器具的端子接线不得多于2根电线。

（6）电线端子的材质和规格应与芯线的材质和规格适配，截面面积大于1.5mm²的多股铜芯线与器具端子连接用的端子孔不应开口。

《电力建设安全工作规程》（火力发电厂部分）（DL5009.1—2002）中，第6.4.1条规定：

对地电压在127V及以上的下列电气设备及设施均应装设接地或接零保护：①发电机、电动机、电焊机及变压器的金属外壳；②开关及其传动装置的金属底座或外壳；③电流互感器的二次绕组。

《电业安全工作规程 第1部分：热力和机械》（GB 26164.1—2010）中，第3.5.1条规定：

所有电气设备的金属外壳应有良好的接地装置。使用中不应将接地装置拆除或对其进行任何工作。

整改结果

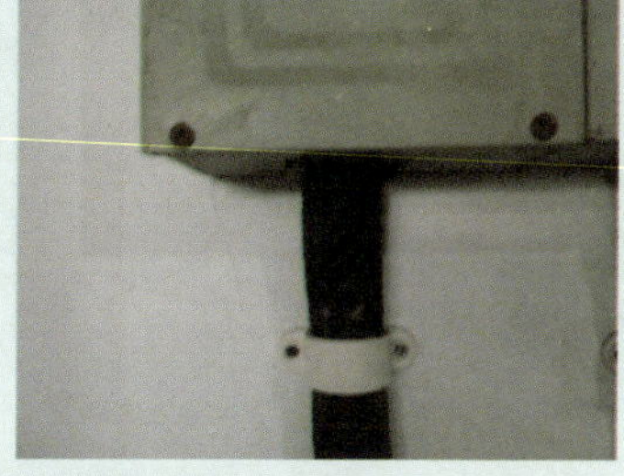

连接电气设备的接地线应在电气开关箱内牢固连接

安全隐患3-5

接地线末连接在专用接地端子上

隐患现象

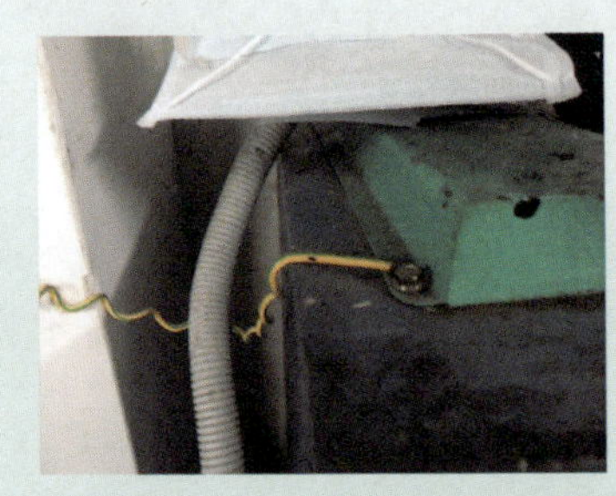

！将接地线连接在电气设备箱盖的紧固螺丝上

！将接地线连接在电动机风叶的紧固螺丝上

！将接地线连接在气体调节阀的紧固螺丝上

！将接地线连接在电动机吊环的紧固螺丝上

！将接地线连接在支架压环的紧固螺丝上

！将接地线连接在悬空支架的紧固螺丝上

防范措施

生产车间内安装的电气设备，电气设备的金属外壳上连接的接零保护（PE）线，不能随意性地乱连接，要按照《建筑电气工程施工质量验收规范》（GB 50303—2002）中，第3.1.7条的规定：

接地（PE）或接零（PEN）支线必须单独与接地（PE）或接零（PEN）干线相连接，不得串联连接。

在电气设备电气控制箱内，接零保护（PE）线端子排上线路连接，要按照《施工现场临时用电安全技术规范》（JGJ46—2005）中，第8.1.12条的规定：

配电箱、开关箱内的连接线必须采用铜芯绝缘导线。导线绝缘的颜色标志应按本规范第5.1.11条要求配置并排列整齐；导线分支接头不得采用螺栓压接，应采用焊接并做绝缘包扎，不得有外露带电部分。

电气设备的接零保护（PE）线，要连接在专用的端子上，要按照《建筑物电气装置第5-54部分：电气设备的选择和安装接地配置、保护导体和保护联结导体》（GB 16895.3—2004）中，第543.4.3条的规定：

如果从装置的任一点起，中性导体和保护导体分别采用单独的导体，则不允许将该中性导体再连接到装置的任何其他的接地部分（例如，由PEN导体分接出的保护导体）。然而，允许由PEN导体分接出的保护导体和中性导体都超过一根以上。对保护导体和中性导体，可分别设置单独的端子或母线。在这种情况下，PEN导体应接到为保护导体预设的端子或母线上。

整改结果

正规地将接地线连接到专用端子上

安全隐患3-6

采用错误接地连接方式

隐患现象

！将接地线缠绕在角铁的圆孔内

！将接地线缠绕在工作台的角铁上

！将两根接地线用缠绕的方式连接在一起

！将接地线缠绕在电气设备的地脚螺丝上

！将接地线缠绕在门框的固定金属体上

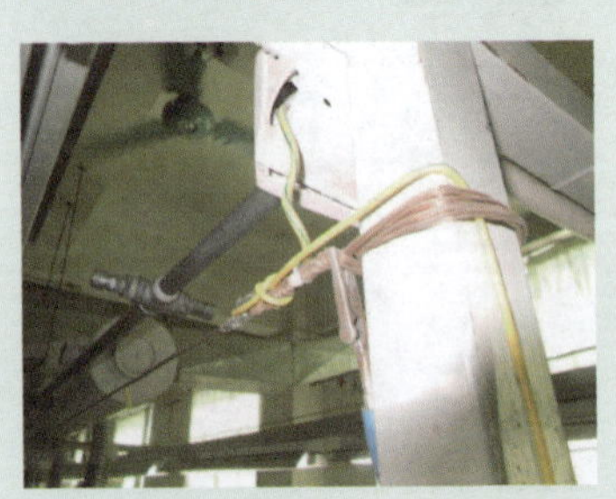

！将电气设备接地线与静电接地线缠绕在角铁上

防范措施

电气设备的接零保护（PE）线，要保证导线的连接可靠，要按照《用电安全导则》（GB/T 13869—2008）中，第6.13条的规定：

保护接地线应采用焊接、压接、螺栓连接或其他可靠方法连接，严禁缠绕或钩挂。电缆（线）中的绿/黄双色线在任何情况下只能用作保护接地线。

《交流电气装置的接地》（DL/T 621—1997）中，第8.2.3条规定：

电气设备和机械的所有外露可导电部分都应连接到保护接地电路上。无论什么原因（如维修）拆移部件时，不应使余留部件的保护接地电路连续性中断。

连接件和连接点的设计应确保不受机械、化学或电化学的作用而削弱其导电能力。当外壳和导体采用铝材或铝合金材料时，应特别考虑电蚀问题。

金属软管、硬管和电缆护套不应用作保护导线。这些金属导线管和护套自身（电缆铠甲、铅护套）也应连接到保护接地电路上。

电气设备安装在门、盖或面板上时，应确保其保护接地电路的连续性。并建议采用保护导线（见8.2.2）。否则紧固件、纹链、滑动接点应设计成低电阻（见19.2）。

《施工现场机械设备检查技术规程》（JGJ160—2008）中，第3.3.10条规定：

保护地线或保护零线应采用焊接、压接、螺栓连接或其他可靠方法连接，不应缠绕或钩挂；

保护地线或保护零线应采用绝缘导线；配电装置和电动机械相连接的PE线应采用截面不小于2.5mm^{2}的绝缘多股铜线；手持式电动工具的PE线应采用截面不小于1.5mm^{2}的绝缘多股铜线。

整改结果

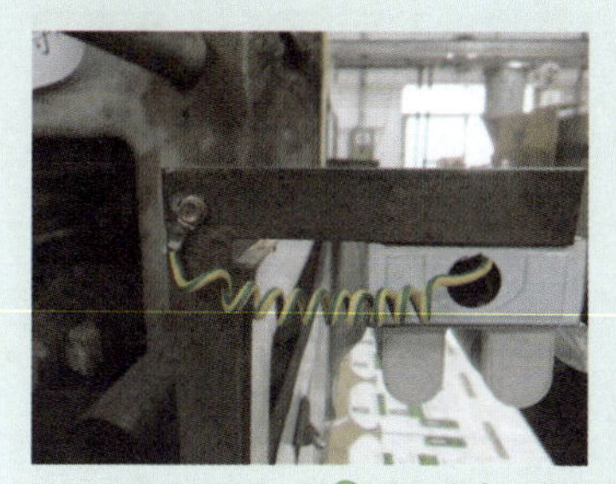

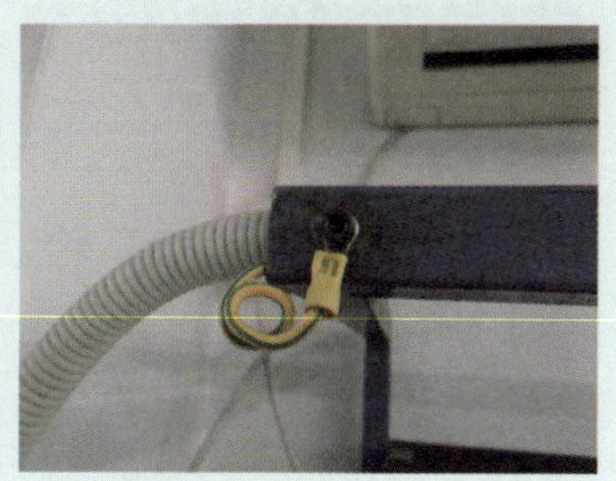

接地线采用正规的接线端子及接线方式

安全隐患3-7

静电接地体安装不规范

隐患现象

！采用螺丝钢做垂直接地体

！直接在水泥地面打孔安装铁条做接地体

！将消防的自来水作为接地体

！将导线缠绕在钢管上做接地体

！采用螺丝钢做垂直接地体

防范措施

➡ 不同的接地就有不同的接地电阻的要求，要按照《施工现场临时用电安全技术规范》（JGJ46—2005）中，第5.3.7条的规定：

在有静电的施工现场内，对集聚在机械设备上的静电应采取接地泄漏措施。每组专设的静电接地体的接地电阻值不应大于100Ω，高土壤电阻率地区不应大于1000Ω。

➡ 埋入到地下的接地体，不能采用螺纹钢做接地体，要按照《施工现场临时用电安全技术规范》（JGJ46—2005）中，第5.3.4条的规定：

每一接地装置的接地线应采用2根及以上导体，在不同点与接地体做电气连接。

不得采用铝导体做接地体或地下接地线。垂直接地体宜采用角钢、钢管或光面圆钢，不得采用螺纹钢。

➡《电气装置安装工程接地装置施工及验收规范》（GB 50169—2006）中，第3.2.5条规定：

除临时接地装置外，接地装置应采用热镀锌钢材，水平敷设的可采用圆钢和扁钢，垂直敷设的可采用角钢和钢管。腐蚀比较严重地区的接地装置，应适当加大截面，或采用阴极保护等措施。

➡ 第3.3.1条中规定：

接地体顶面埋设深度应符合设计规定。当无规定时，不应小于0.6m。角钢、钢管、铜棒、铜管等接地体应垂直配置。除接地体外-接地体引出线的垂直部分和接地装置连接（焊接）部位外侧100mm范围内应做防腐处理；在做防腐处理前，表面必须除锈并去掉焊接处残留的焊药。第3.3.3条中规定：接地线应采取防止发生机械损伤和化学腐蚀的措施。在与公路、铁路或管道等交叉及其他可能使接地线遭受损伤处，均应用钢管或角钢等加以保护。接地线在穿过墙壁、楼板和地坪处应加装钢管或其他坚固的保护套，有化学腐蚀的部位还应采取防腐措施。热镀锌钢材焊接时将破坏热镀锌防腐，应在焊痕外100mm内做防腐处理。第3.4.1条中规定：接地体（线）的连接应采用焊接，焊接必须牢固无虚焊。接至电气设备上的接地线，应用镀锌螺栓连接；有色金属接地线不能采用焊接时。可用螺栓连接、压接、热剂焊（放热焊接）方式连接。用螺栓连接时应设防松螺帽或防松垫片。螺栓连接处的接触面应按现行国家标准《电气装置安装工程母线装置施工及验收规范》GBJ 149的规定处理。不同材料接地体间的连接应进行处理。

接地装置的人工接地体，导体截面应符合热稳定、均压和机械强度的要求，还应考虑腐蚀的影响，钢接地体的最小规格见表3-1。

表3-1　　钢接地体的最小规格

种类、规格及单位		地上		地下	
		室内	室外	交流电流回路	直流电流回路
圆钢直径（mm）		6	8	10	12
扁钢	截面（mm^2） 厚度（mm）	60 3	100 4	100 4	100 6
角钢厚度（mm） 钢管管壁厚度（mm）		2 2.5	2.5 2.5	4 3.5	6 4.5

整改结果

采用正规接地体引出的接地点

第四章

室内电器及线路违规敷设

室内电气设备的电源线路与室内电气线路的敷设，是指如刚性塑料绝缘导管、可弯曲金属导管、金属线槽、塑料线槽、钢索配线、塑料护套线直敷、电缆桥架等电气线路的敷设，以及室内电器在违规敷设及使用时出现的安全隐患。

安全隐患4-1

室内线路不套管（槽）

隐患现象

！室内导线随意性地敷设

！用钢架做支撑点进行导线敷设

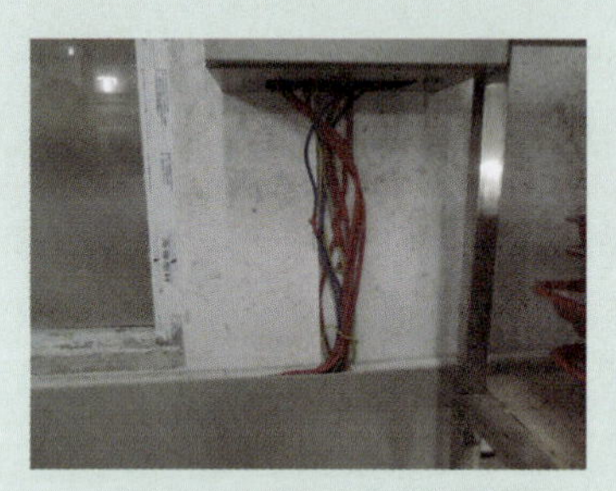

！线槽引出线未套线管（槽）敷设

！线槽敷设没有到位

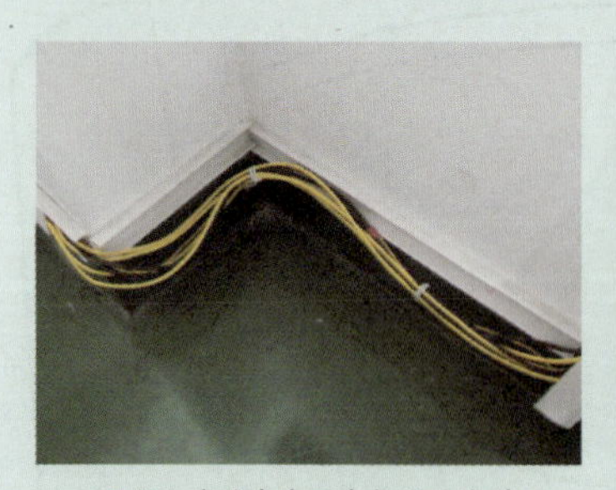

！新加线路未走原来敷设的线槽

！线槽高端导线未套线管（槽）防

防范措施

➡ 这个电源线路的敷设，主要是人为的原因造成的，所以，要严格按照《施工现场临时用电安全技术规范》（JGJ 46－2005）中的要求进行线路的敷设。《施工现场临时用电安全技术规范》第 7.3.2 条中规定：

室内配线应根据配线类型采用瓷瓶、瓷（塑料）夹、嵌绝缘槽、穿管或钢索敷设。

➡ 电源线路的敷设，要按照《民用建筑电气设计规范》JGJ16—2008 中，第 8.1.3 条的规定：

布线系统的选择和敷设，应避免因环境温度、外部热源、浸水、灰尘聚集及腐蚀性或污染物质等外部影响对布线系统带来的损害，并应防止在敷设和使用过程中因受撞击、振动、电线或电缆自重和建筑物的变形等各种机械应力作用而带来的损害。

第 8.2.5 条：直敷布线在室内敷设时，电线水平敷设至地面的距离不应小于 2.5m，垂直敷设至地面低于 1.8m 部分应穿导管保护。

➡ 导线截面积的选择，要按照《施工现场临时用电安全技术规范》（JGJ46—2005）中，第 7.3.5 条的规定：

室内配线所用导线或电缆的截面应根据用电设备或线路的计算负荷确定，但铜线截面不应小于 1.5mm^2，铝线截面不应小于 2.5mm^2。

➡《电业安全工作规程 第1部分：热力和机械》（GB 26164.1—2010）中，第 3.5.6 条规定：

敷设临时低压电源线路，应使用绝缘导线。架空高度室内应大于 2.5m，室外应大于 4m，跨越道路应大于 6m。严禁将导线缠绕在护栏、管道及脚手架上。

整改结果

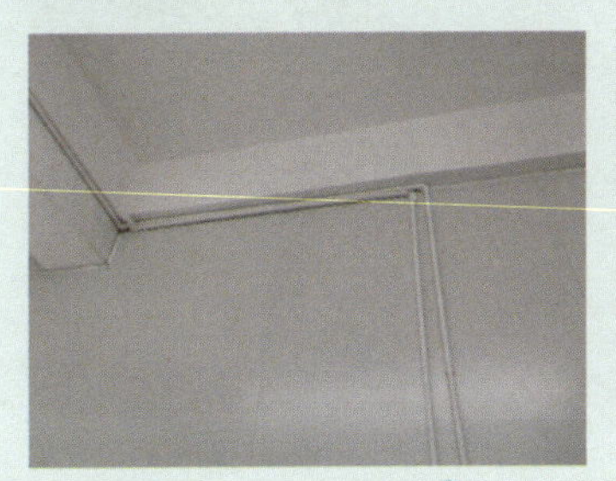

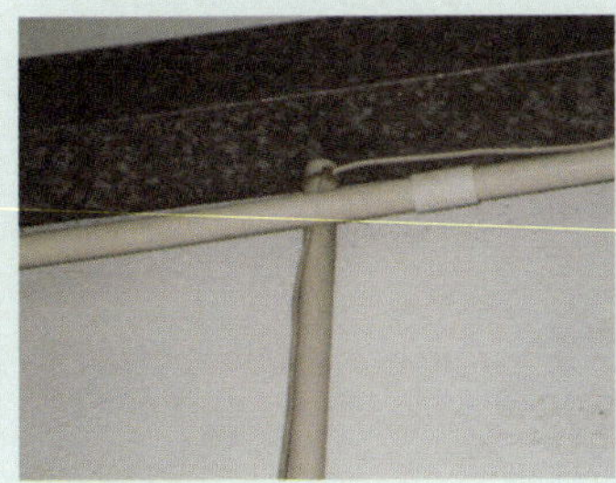

正规的导管与线槽敷设

安全隐患4-2

室内导线违规敷设

隐患现象

！从铝合金窗框直接穿入电源导线

！从金属线槽内直接引出电源导线

！从卷闸门金属框直接引出电源导线

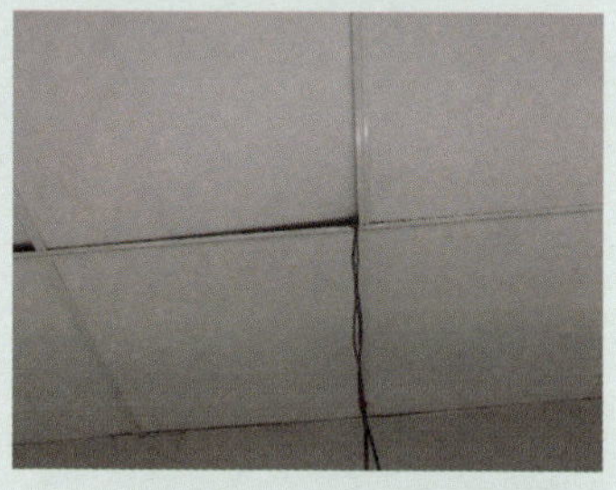

！从天花板内直接引出电源导线

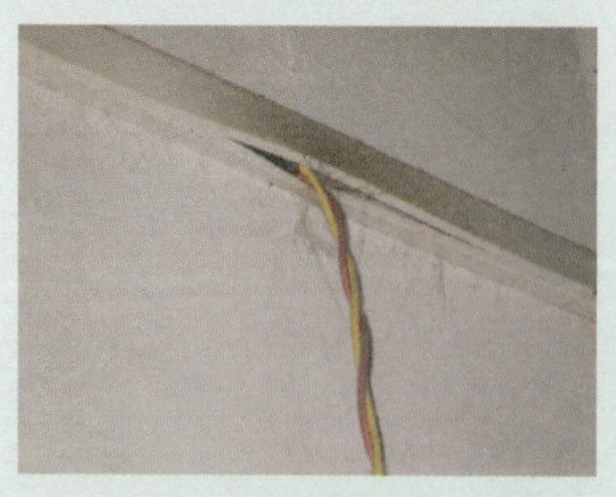

！用花线从塑料线槽内直接引出电源导线

！从电气开关箱直接引出电源导线

防范措施

室内线路的敷设要严格按照《施工现场临时用电安全技术规范》（JGJ 46—2005）中的要求进行线路的敷设。《施工现场临时用电安全技术规范》第7.3.2条中规定：室内配线应根据配线类型采用瓷瓶、瓷（塑料）夹、嵌绝缘槽、穿管或钢索敷设。

《1kV及以下配线工程施工与验收规范》（GB 50575—2010）中，第3.0.12条规定：配线工程用的塑料绝缘导管、塑料线槽及其配件必须由阻燃材料制成，导管和线槽表面应有明显的阻燃标识和制造厂厂标。

《低压配电设计规范》（GB 50054—2011）中，第7.1.2条规定：

配电线路的敷设环境，应符合下列规定：

（1）应避免由外部热源产生的热效应带来的损害。

（2）应防止在使用过程中因水的侵入或因进入固体物带来的损害。

（3）应防止外部的机械性损害。

（4）在有大量灰尘的场所，应避免由于灰尘聚集在布线上对散热带来的影响。

（5）应避免由于强烈日光辐射带来的损害。

（6）应避免腐蚀或污染物存在的场所对布线系统带来的损害。

（7）应避免有植物和（或）霉菌衍生存在的场所对布线系统带来的损害。

（8）应避免有动物的情况对布线系统带来的损害。

《施工现场临时用电安全技术规范》（JGJ46—2005）中，第7.3.5条规定：室内配线所用导线或电缆的截面应根据用电设备或线路的计算负荷确定，但铜线截面不应小于1.5mm²，铝线截面不应小于2.5mm²。

整改结果

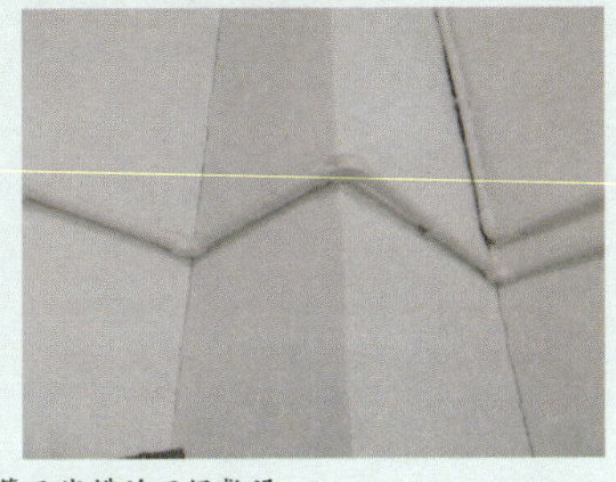

室内用阻燃性导管及线槽的正规敷设

安全隐患4-3

导线违规穿楼板敷设

隐患现象

用普通 PVC 管穿楼板敷设

用金属线槽敷设后未进行封堵

在楼梯处用普通 PVC 管穿楼板敷设

在墙边导线直接打孔穿楼板敷设

在墙边打孔用金属线槽直接穿楼板敷设后未封堵

普通 PVC 管穿楼板敷设并破损后未修复

防范措施

➡ 要按照《电气装置安装工程 1kV 及以下配线工程施工及验收规范》(GB 50258) 中的规定。

第 2.4.5 条：明配硬塑料管在穿过楼板易受机械损伤的地方，应采用钢管保护，其保护高度距楼板表面的距离不应小于 500mm。

第 2.4.6 条：直埋于地下或楼板内的硬塑料管，在露出地面易受机械损伤的一段，应采取保护措施。

➡ 对于穿楼板的刚性塑料绝缘导管的敷设，要按照《民用建筑电气设计规范》(JGJ/T16—2008) 中，第 8.7.1 条的规定：

刚性塑料导管（槽）布线宜用于室内场所和有酸碱腐蚀性介质的场所，但在高温和易受机械损伤的场所不宜采用明敷设。

➡ 采用刚性塑料绝缘导管的敷设，要按照《民用建筑电气设计规范》(JGJ/T16—2008) 中，第 8.7.9 条的规定：

刚性塑料导管暗敷或埋地敷设时，引出地（楼）面不低于 0.3m 的一段管路，应采取防止机械损伤的措施。

安全隐患4-4

导线违规穿墙敷设

隐患现象

！塑料导线未套管直接埋入墙壁中穿出

！在墙壁上随意打孔引出电源导线

！引入与引出导线未套管直接穿墙敷设

！部分导线未套管直接穿墙敷设

！在墙壁上直接打孔穿入未套管单线

！导体从墙壁砖缝中直接穿墙敷设

防范措施

要按照《电气装置安装工程 1kV 及以下配线工程施工及验收规范》中，第 3.1.5 条的规定：

入户线在进墙的一段应采用额定电压不低于 500V 的绝缘导线；穿墙保护管的外侧，应有防水弯头，且导线应弯成滴水弧状后方可引入室内。

要按照《施工现场临时用电安全技术规范》（JGJ46—2005）中，第 7.3.4 条的规定：

架空进户线的室外端应采用绝缘子固定，过墙处应穿管保护，距地面高度不得小于 2.5m，并应采取防雨措施。

墙壁上的穿墙孔内电源线路敷设完毕后，要按照《1kV 及以下配线工程施工与验收规范》（GB50575—2010）中，第 3.0.5 条的规定：

配线工程施工结束后，应将配线施工时剔凿的建筑物和构筑物的孔、洞、沟、槽等修补完整；线路穿越楼板或防火墙、管道井、电气竖井、设备间等防火分隔处应做好防火封堵。

整改结果

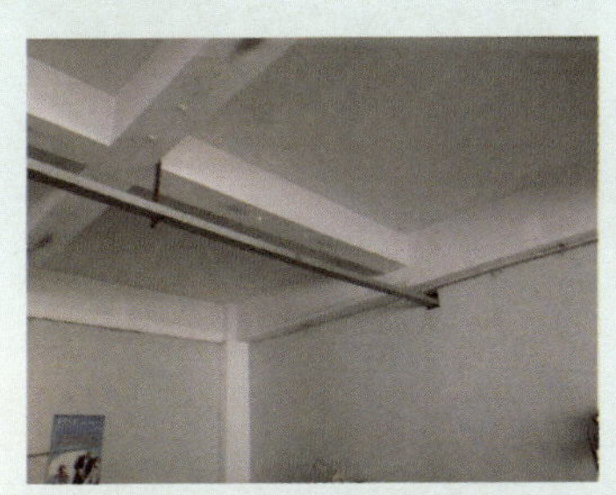

正规的穿墙用导管或线槽敷设

安全隐患4-5

照明灯具开关及线路违规安装

隐患现象

！用花线连接内装式开关

！用花线连接床头开关

！用花线敷设电源线路及连接床头开关

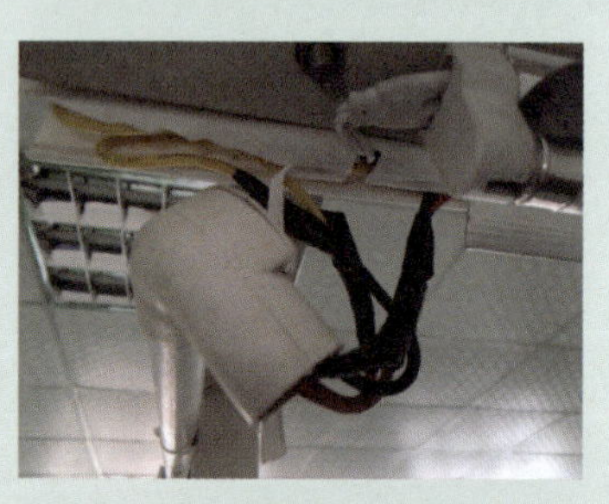

！照明灯具线路附件使用不当

！用音频线连接床头开关

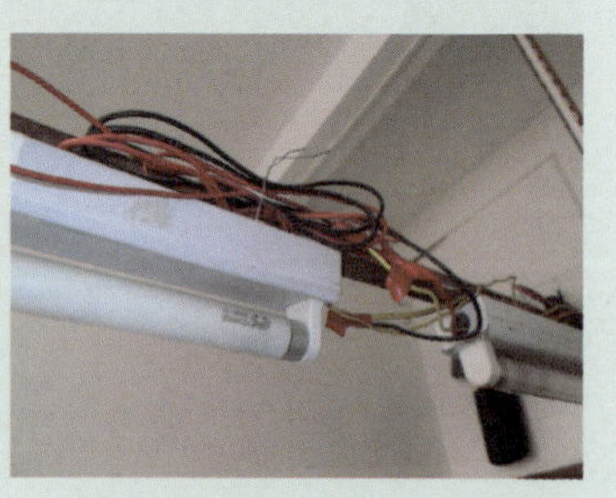

！照明灯具线路凌乱及未套管防护

防范措施

在车间内进行电气线路及电器的安装时，电气线路及电器的电源导线的绝缘强度，要按照《用电安全导则》（GB/T 13869—2008）中，第 6.7 条的规定：

用电产品的电气线路须具有足够的绝缘强度、机械强度和导电能力并应定期检查。

室内电源线路的敷设，应按照《施工现场临时用电安全技术规范》（JGJ46—2005）中，第 8.2.5 条的规定：

直敷布线在室内敷设时，电线水平敷设至地面的距离不应小于 2.5m，垂直敷设至地面低于 1.8m 部分应穿导管保护。

室内电源导线截面积的选择，要按照《施工现场临时用电安全技术规范》（JGJ46—2005）中，第 7.3.5 条的规定：

室内配线所用导线或电缆的截面应根据用电设备或线路的计算负荷确定，但铜线截面不应小于 1.5mm²，铝线截面不应小于 2.5mm²。

安装时要按照《施工现场临时用电安全技术规范》（JGJ46—2005）中，第 8.6.11 条的规定：刚性塑料导管（槽）布线，在线路连接、转角、分支及终端处应采用专用附件。

室内安装的照明灯具，距离地面的高度，要按照《建设工程施工现场供用电安全规范》（GB 50194—1993）中，第 7.0.2 条的规定：

照明线路应布线整齐，相对固定。室内安装的固定式照明灯具悬挂高度不得低于 2.5m，室外安装的照明灯具不得低于 3m。安装在露天工作场所的照明灯具应选用防水型灯头。

整改结果

照明灯具线路与开关正规的接线方式

安全隐患4-6

照明灯具接触或接近可燃物

隐患现象

！将白炽灯具直接安装在可燃材料上

！将日光灯直接安装在可燃材料上

！用胶纸直接包裹在红外线聚光灯泡上

！用木架和导线直接安装碘钨灯具

！用纸张包裹在台灯的灯泡处

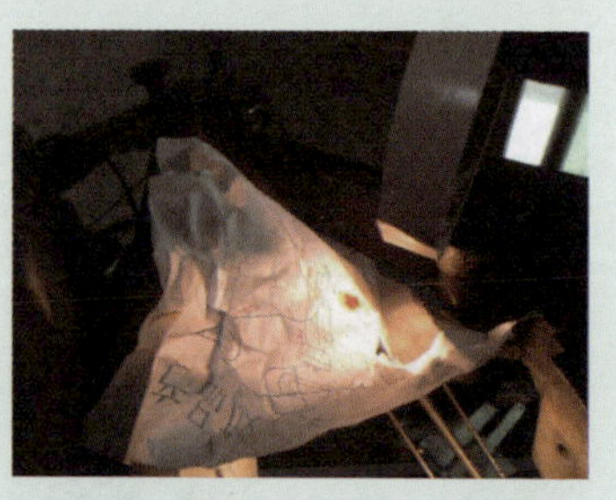

！用纸张包裹在电气设备局部照明灯泡处

防范措施

《建筑设计防火规范》（GB 50016—2006）中，第 11.2.4 条规定：开关、插座和照明灯具靠近可燃物时，应采取隔热、散热等防火保护措施。

卤钨灯和额定功率不小于 100W 的白炽灯泡的吸顶灯、槽灯、嵌入式灯，其引入线应采用瓷管、矿棉等不燃材料作隔热保护。

超过 60W 的白炽灯、卤钨灯、高压钠灯、金属卤灯光源、荧光高压汞灯（包括电感镇流器）等不应直接安装在可燃装修材料或可燃构件上。

《施工现场临时用电安全技术规范》（JGJ 46—2005）中，第 10.3.2 条规定：

室外 220V 灯具距地面不得低于 3m，室内 220V 灯具距地面不得低于 2.5m。

普通灯具与易燃物距离不宜小于 300mm；聚光灯、碘钨灯等高热灯具与易燃物距离不宜小于 500mm，且不得直接照射易燃物。达不到规定安全距离时，应采取隔热措施。

《住宅装饰装修工程施工规范》（GB 50327—2001）中，第 4.4.3 条规定：

卤钨灯灯管附近的导线应采用耐热绝缘材料制成的护套，不得直接使用具有延燃性绝缘的导线。

《电力建设安全工作规程》（火力发电厂部分）（DL 5009.1—2002）中，第 6.3.11 条规定：

碘钨灯等特殊照明灯的金属支架应稳固，并采取接地或接零保护；支架不得带电移动。

整改结果

使用有防护罩或安全电压的防护灯具并安装在非可燃材料上

安全隐患4-7
照明灯具违规安装及使用

隐患现象

! 用布带固定日光灯的灯具

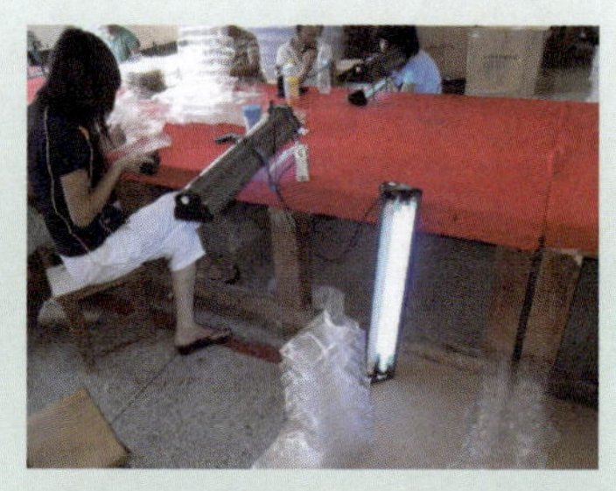

! 将日光灯的灯具随意性地摆放着使用

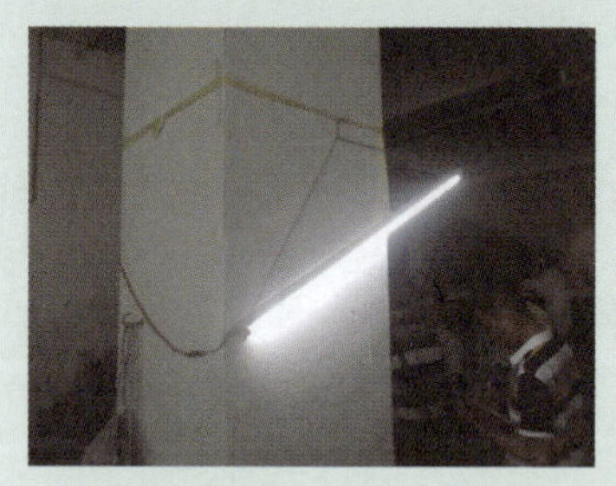

! 用带子悬吊挂着日光灯的灯具使用

! 使用自制移动式 220V 照明灯具

! 白炽灯泡安装离地面过近

! 日光灯的灯具安装离地面过近

防范措施

《施工现场临时用电安全技术规范》（JGJ46—2005）中，第 10.3.2 条规定：

室外 220V 灯具距地面不得低于 3m，室内 220V 灯具距地面不得低于 2.5m。

车间内在照明灯具的下方，不能堆放可燃性的材料，可参考中华人民共和国公安部令第 6 号《仓库防火安全管理规则》中，第三十九条的规定：

库房内不准设置移动式照明灯具。照明灯具下方不准堆放物品，其垂直下方与储存物品水平间距离不得小于 0.5m。

《建筑电气照明装置施工与验收规范》（GB 50617—2010）中，第 3.0.8 条规定：

电气照明装置的接线应牢固、接触良好；需接保护接地线（PE）的灯具、开关、插座等不带电的外露可导电部分，应有明显的接地螺栓。

《建筑设计防火规范》（GB 50016—2006）中，第 11.2.4 条规定：

开关、插座和照明灯具靠近可燃物时，应采取隔热、散热等防火保护措施。

卤钨灯和额定功率不小于 100W 的白炽灯泡的吸顶灯、槽灯、嵌入式灯，其引入线应采用瓷管、矿棉等不燃材料作隔热保护。

超过 60W 的白炽灯、卤钨灯、高压钠灯、金属卤灯光源、荧光高压汞灯（包括电感镇流器）等不应直接安装在可燃装修材料或可燃构件上。

整改结果

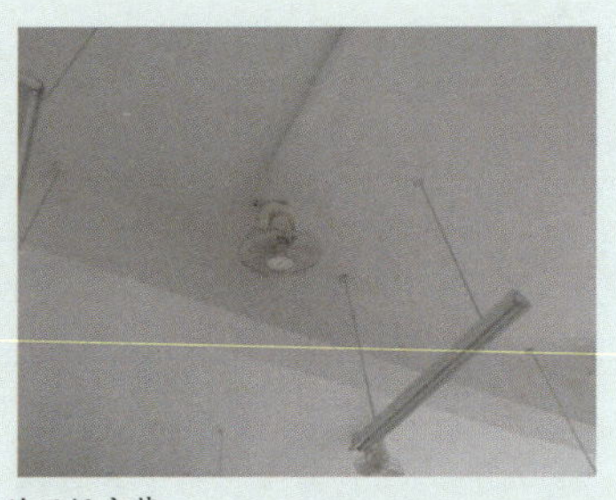

照明灯具的正规安装

安全隐患4-8

电源导线穿入可燃材料

隐患现象

！从木门框处使用花线将电源拉到另外房间

！电源导线直接放置在顶棚装修的木方上

！电源导线直接敷设在木房脊上

！电源导线直接从木框进入房间

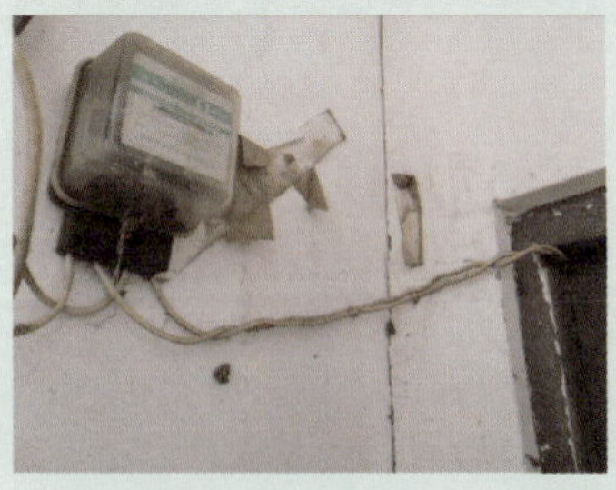

！电源导线从木制房门缝隙进入到房间

！电源导线从木制窗户缝隙进入到房间

防范措施

对于刚性塑料绝缘导管与导管的连接，要按照《施工现场临时用电安全技术规范》(JGJ46—2005) 中，第 8.6.11 条的规定：

刚性塑料导管（槽）布线，在线路连接、转角、分支及终端处应采用专用附件。

穿墙孔使用的塑料绝缘导管、塑料线槽及其配件，要按照《1kV 及以下配线工程施工与验收规范》(GB 50575—2010) 中，第 3.0.12 条的规定：

配线工程用的塑料绝缘导管、塑料线槽及其配件必须由阻燃材料制成，导管和线槽表面应有明显的阻燃标识和制造厂厂标。

《施工现场临时用电安全技术规范》(JGJ46—2005) 中，第 7.3.5 条规定：

室内配线所用导线或电缆的截面应根据用电设备或线路的计算负荷确定，但铜线截面不应小于 $1.5mm^2$，铝线截面不应小于 $2.5mm^2$。

《1kV 及以下配线工程施工与验收规范》(GB 50575—2010) 中，第 3.0.12 条规定：

配线工程用的塑料绝缘导管、塑料线槽及其配件必须由阻燃材料制成，导管和线槽表面应有明显的阻燃标识和制造厂厂标。

整改结果

正规地从墙壁内进线和导管穿墙引入电源导线

安全隐患4-9

车间通道内违规敷设电源线路

隐患现象

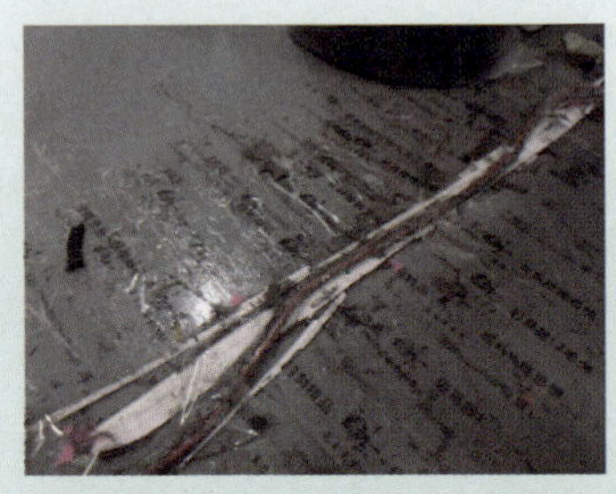

！在车间通道内使用普通 PVC 管敷设线路

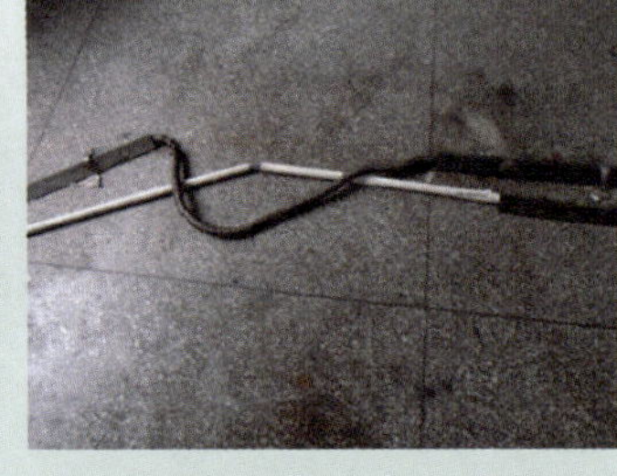

！通道内使用普通 PVC 管及金属软管敷设线路

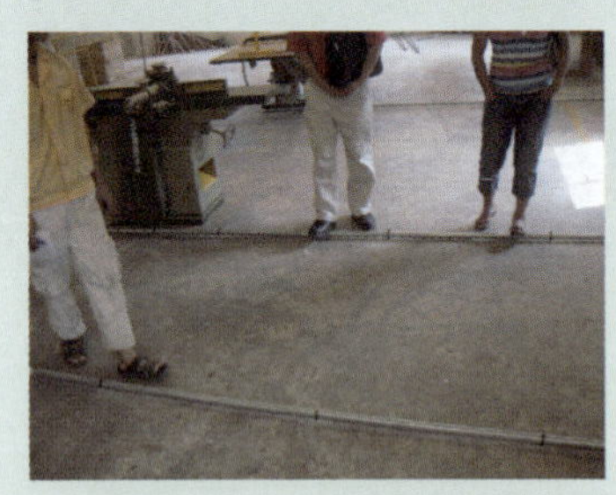

！在通道地面敷设线路凸金属导管

！在通道地面用角铁敷设线路

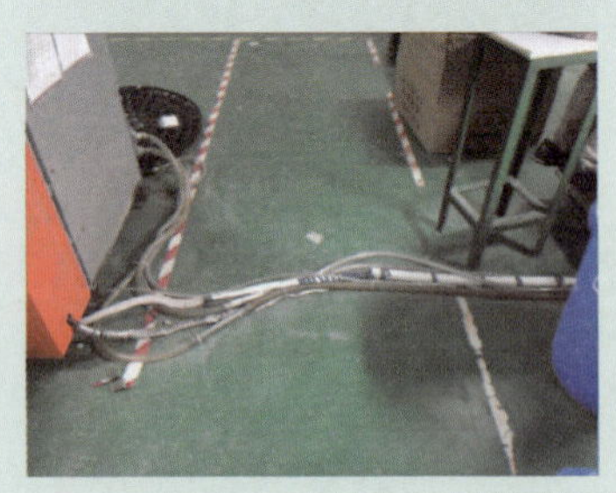

！在通道地面用多种导管敷设线路

！在通道地面用橡胶板进行线路防护

防范措施

对于车间横跨通道的电源线路，为过往人员和车间内运输产品车辆的通行，可用钢管进行埋地敷设，应按照《低压配电设计规范》（GB 50054—2011）中，第7.2.28条的规定：

正常环境下大空间且隔断变化多、用电设备移动性大或敷有多功能线路的屋内场所，宜采用地面内暗装金属槽盒布线，且应暗敷于现浇混凝土地面、楼板或楼板垫层内。

对于地面内暗装金属槽盒布线，应按照《低压配电设计规范》（GB 50054—2011）中的规定：

7.2.29 采用地面内暗装金属槽盒布线时，应将同一回路的所有导线敷设在同一槽盒内。

7.2.32 地面内暗装金属槽盒出线口和分线盒不应突出地面，且应做好防水密封处理。

埋地暗配的钢导管，应按照《1kV及以下配线工程施工与验收规范》（GB 50575—2010）中，第4.2.1条的规定：

潮湿场所明配或埋地暗配的钢导管其壁厚不应小于2.0mm，干燥场所明配或暗配的钢导管其壁厚不应小于1.5mm。

埋地暗配的钢导管应进行接地保护，应按照《1kV及以下配线工程施工与验收规范》（GB 50575—2010）中，第4.2.6条的规定：

（1）当非镀锌钢导管采用螺纹连接时，连接处两端应焊接跨接接地线。

（2）镀锌钢导管的跨接接地线不得采用熔焊连接，宜采用专用接地线卡跨接，跨接接地线应采用截面面积不小于4mm^{2}的铜芯软线。

整改结果

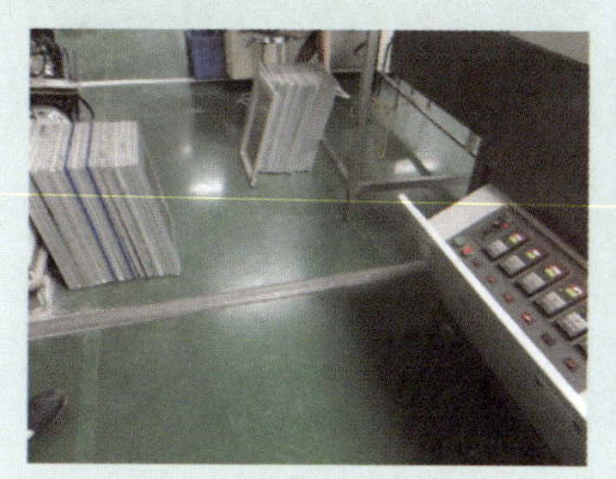

采用硬质线管或金属材料防护的地面导线敷设

安全隐患4-10

室内电源导线违规引出

隐患现象

！从房门直接将橡套软电源线拉出

！从门的合页处将橡套软电源线拉出

！从铝合金窗户从室内将橡套软电源线拉出

！从铝合金窗户从室外将橡套软电源线拉入

！从室内将塑料导线从铝合金窗户拉出

！将橡套软电源线从金属铁门处直接拉出

防范措施

《施工现场临时用电安全技术规范》（JGJ 46—2005）中，第7.3.2条规定：

室内配线应根据配线类型采用瓷瓶、瓷（塑料）夹、嵌绝缘槽、穿管或钢索敷设。

导线的安装要符合《1kV及以下配线工程施工与验收规范》（GB 50575—2010）中，第4.4.1条的规定：

导管不宜敷设在穿越高温和易受机械损伤的场所。

《低压配电设计规范》（GB 50054—2011）中，第7.2.28条规定：

正常环境下大空间且隔断变化多、用电设备移动性大或敷有多功能线路的屋内场所，宜采用地面内暗装金属槽盒布线，且应暗敷于现浇混凝土地面、楼板或楼板垫层内。

《民用建筑电气设计规范》（JGJ16—2008）中，第8.2.5条规定：

直敷布线在室内敷设时，电线水平敷设至地面的距离不应小于2.5m，垂直敷设至地面低于1.8m部分应穿导管保护。

安全隐患4-11

局部照明灯具违规安装及使用

隐患现象

! 将220V白炽灯泡吊装在机器上使用

! 用花线接220V白炽灯泡并用纸板遮光使用

! 低位置安装220V壁灯照明

! 工作台使用220V工作灯作为局部照明

! 万能磨刀机使用220V工作灯作为局部照明

! 从插座接220V工作灯作为局部照明

防范措施

➡ 车间内照明灯具的安装与使用，要按照《建筑机械使用安全技术规程》（JGJ33—2001）中，第3.6.20条的规定：

照明采用电压等级应符合下列要求；

（1）一般场所为220V；

（2）隧道、人防工程、有高温、导电灰尘或灯具离地面高度低于2.4m等场所不大于36V；

（3）在潮湿和易触及带电体场所不大于24V；

（4）在特别潮湿的场所、导电良好的地面、锅炉或金属容器内不大于12V。

➡ 提供照明安全电压使用的变压器，要按照《施工现场临时用电安全技术规范》（JGJ46—2005）中，第10.2.5条的规定：

照明变压器必须使用双绕组型安全隔离变压器，严禁使用自耦变压器。

➡ 室内打磨设备处安装的照明灯具，距离地面的高度，要按照《建设工程施工现场供用电安全规范》（GB 50194—1993）中，第7.0.2条的规定：

照明线路应布线整齐，相对固定。室内安装的固定式照明灯具悬挂高度不得低于2.5m，室外安装的照明灯具不得低于3m。安装在露天工作场所的照明灯具应选用防水型灯头。

➡ 室内安装的照明灯具，单个灯具电源导线的截面积，要按照《建筑电气照明装置施工与验收规范》（GB 50617—2010）中，第4.1.3条的规定：

引向单个灯具的电线线芯截面积应与灯具功率相匹配，电线线芯最小允许截面积不应小于1mm²。

整改结果

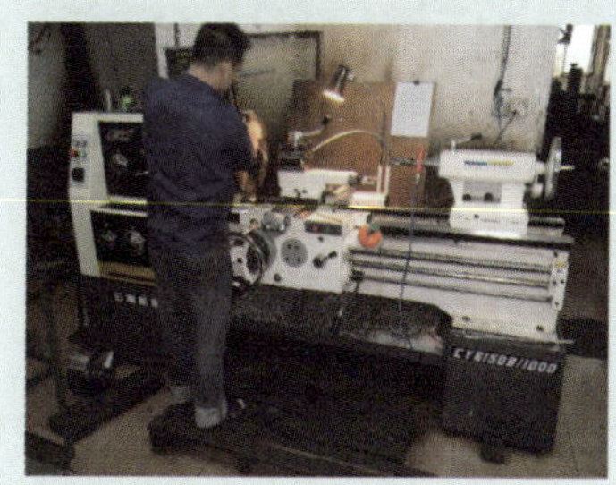

局部照明采用双圈变压器提供照明的安全电压

安全隐患4-12

应急照明及标志和线路违规安装

隐患现象

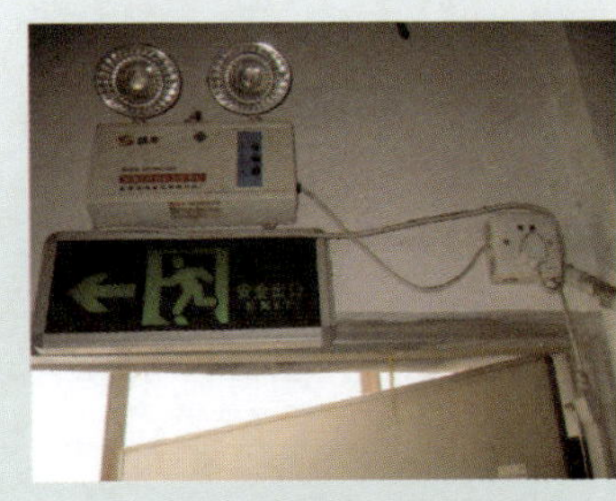

！安全出口标志灯方向安装错误

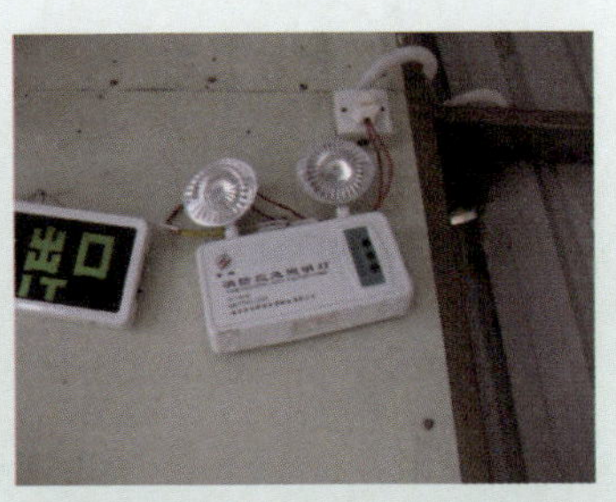

！应急照明灯及安全出口标志灯固定不牢

！疏散方向指示标志灯具安装错误

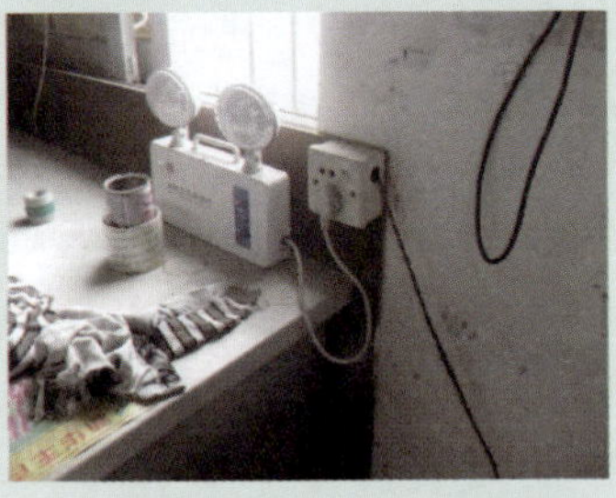

！应急照明灯没有按照规定安装

！未安装灯光型安全出口标志

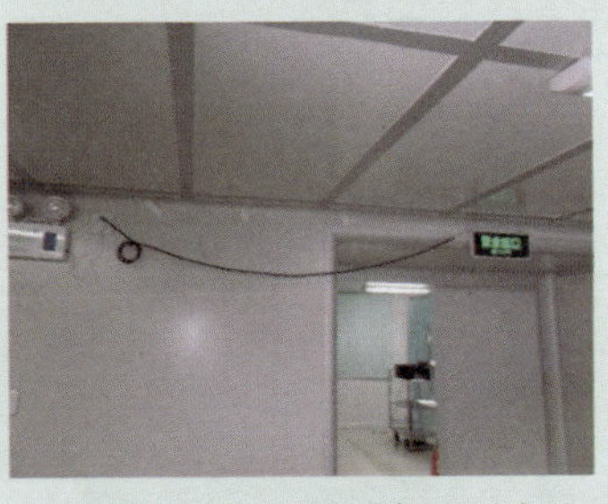

！安全出口灯具电源线路未按规定敷设

防范措施

《建筑电气照明装置施工与验收规范》（GB 50617—2010）中，第4.3.1条规定：

应急照明灯具安装应符合下列规定：

(1) 应急照明灯具必须采用经消防检测中心检测合格的产品。

(2) 安全出口标志灯应设置在疏散方向的里侧上方，灯具底边宜在门框（套）上方0.2m。地面上的疏散指示标志灯，应有防止被重物或外力损坏的措施。

(3) 当厅室面积较大，疏散指示标志灯无法装设在墙面上时，宜装设在顶棚下且灯具始终处于点亮状态。

(4) 应急照明灯具回路的设置除符合设计要求外，尚应符合防火分区设置的要求。

(5) 应急照明灯具安装完毕，应检验灯具电源转换时间，其值为：备用照明不应大于5s；金融商业交易场所不应大于1.5s；安全照明不应大于0.25s。应急照明最少持续供电时间应符合设计要求。

《建筑设计防火规范》（GB 50016—2006）中，第11.3.4条规定：

公共建筑、高层厂房（仓库）及甲、乙、丙类厂房应沿疏散走道和在安全出口、人员密集场所的疏散门的正上方设置灯光疏散指示标志，并应符合下列规定：

(1) 安全出口和疏散门的正上方应采用“安全出口”作为指示标识。

(2) 沿疏散走道设置的灯光疏散指示标志，应设置在疏散走道及其转角处距地面高度1.0m以下的墙面上，且灯光疏散指示标志间距不应大于20.0m；对于袋形走道，不应大于10.0m；在走道转角区，不应大于1.0m，其指示标识应符合现行国家标准《消防安全标志》（GB 13495）的有关规定。

《建筑电气工程施工质量验收规范》（GB 50303—2002）中，第20.1.4条规定：

(1) 应急照明灯的电源除正常电源外，另有一路电源供电；或者是独立于正常电源的柴油发电机组供电；或由蓄电池柜供电或选用自带电源型应急灯具。

(2) 应急照明在正常电源断电后，电源转换时间为：疏散照明≤15s；备用照明≤15s（金融商店交易所≤1.5s）；安全照明≤0.5s。

(3) 疏散照明由安全出口标志灯和疏散标志灯组成。安全出口标志灯距地高度不低于 2m，且安装在疏散出口和楼梯口里侧的上方。

(4) 疏散标志灯安装在安全出口的顶部，楼梯间、疏散走道及其转角处应安装在 1m 以下的墙面上。不易安装的部位可安装在上部。疏散通道上的标志灯间距不大于 20m（人防工程不大于 10m）。

(5) 疏散标志灯的设置，不影响正常通行，且不在其周围设置容易混同疏散标志灯的其他标志牌等。

(6) 应急照明灯具、运行中温度大于 60℃的灯具，当靠近可燃物时，采取隔热、散热等防火措施。当采用白炽灯，卤钨灯等光源时，不直接安装在可燃装修材料或可燃物件上。

(7) 应急照明线路在每个防火分区有独立的应急照明回路，穿越不同防火分区的线路有防火隔堵措施。

(8) 疏散照明线路采用耐火电线、电缆，穿管明敷或在非燃烧体内穿刚性导管暗敷，暗敷保护层厚度不小于 30mm。电线采用额定电压不低于 750V 的铜芯绝缘电线。

➡ 室内消防应急照明灯具，在使用插头与插座的连接时，要按照《灯具 第 2-22 部分：特殊要求 应急照明灯具》（GB 7000.2—2008）中，第 5.18 条规定：

灯具打算用外部插头和插座连接，而且没有防止意外断开措施时，安装说明书应提供警告“该灯具仅可安装在能防止插头和插座不允许断开的地方。”

整改结果

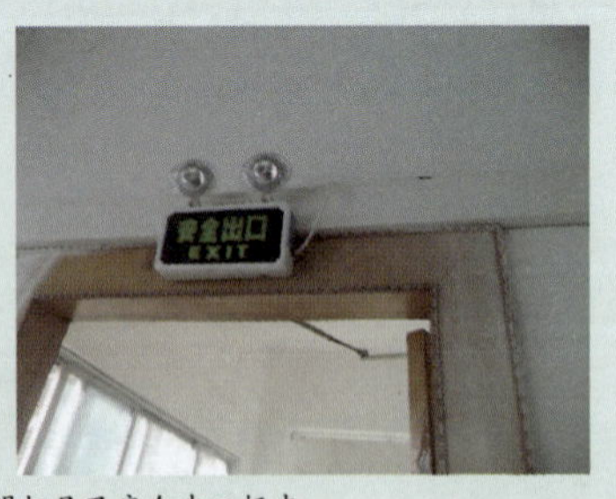

正规安装的应急照明灯具及安全出口标志

第五章

电气设备线路违规安装

车间内电气设备的电源电路和控制电路，在安装的过程中常出现不规范安装与线路敷设的现象，这些现象可引起各种形式的安全隐患。

安全隐患5-1

电气设备电源线路敷设不规范

隐患现象

！电气设备引入电源线未套管防护

！电气设备电源线地面敷设采用 PVC 管

！电气设备电源线采用软金属管沿地面敷设

！电气设备电源线直接从墙壁开关箱拉入

！电气开关箱电源线横拉在通道上

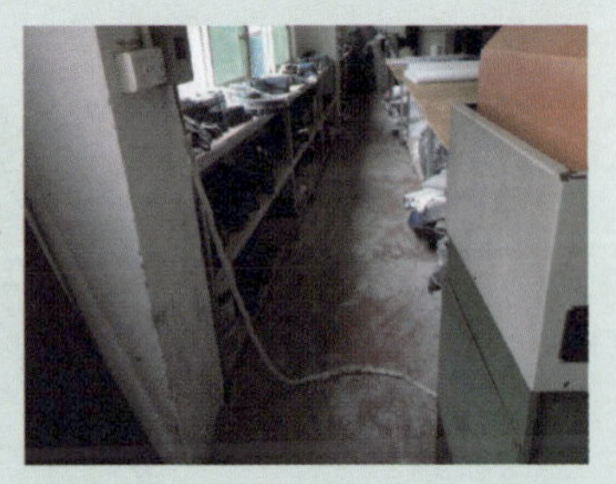

！电气设备电源线采用普通软塑料管敷设

防范措施

➡ 机床的电源线路导管的敷设，要考虑操作人员的操作便利，《金属切削机床 安全防护通用技术条件》（GB 15760—2004）中，第5.2.2.2条规定：

机床的各种管线布置排列应合理、无障碍，防止产生绊倒等危险。

➡《1kV及以下配线工程施工与验收规范》（GB 50575—2010）中，第4.4.1条规定：导管不宜敷设在穿越高温和易受机械损伤的场所。

➡ 电气设备控制线路的敷设，要使用金属导管、刚性塑料绝缘导管、可弯曲金属导管等进行套管进行防护。如采用可弯曲金属导管的敷设时，要按照《1kV及以下配线工程施工与验收规范》（GB 50575—2010）中，第4.3.2条的规定：

（1）敷设在干燥场所可采用基本型可弯曲金属导管。敷设在潮湿场所或直埋地下应采用防水型可弯曲金属导管；敷设在混凝土内可采用基本型或防水型可弯曲金属导管。

（2）明配的可弯曲金属导管在有可能受到重物压力或有明显机械撞击的部位，应采用加套钢管或覆盖角钢等保护措施。

（3）当可弯曲金属导管弯曲敷设时，在两盒（箱）之间的弯曲角度之和不应大于270°，且弯曲处不应多于4个，最大的弯曲角度不应大于90°。

（4）可弯曲金属导管间和盒（箱）间的连接应采用与导管型号规格相适配的专用接头，连接可靠牢固，并用配套的专用接地线卡跨接。

（5）可弯曲金属导管不应作为接地线的接续导体。

（6）可弯曲金属导管沿建筑钢结构明配时，应按施工设计详图做好防护措施。

（7）明配的可弯曲金属导管固定点间距应均匀，不应大于1m，管卡与设备、器具、弯头中点、管端等边缘的距离应小于0.3m。

整改结果

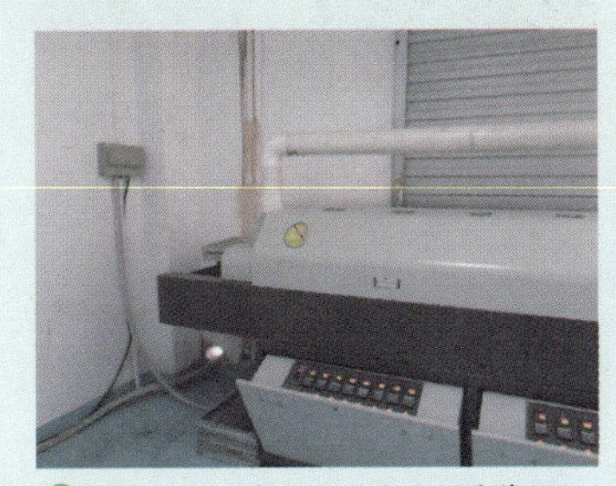

连接电气设备的电源线要用导管防护，如要经过通道还要采取防碰撞和挤压的措施

安全隐患5-2

电动机违规安装敷设

隐患现象

！电动机接线盒破损后继续使用

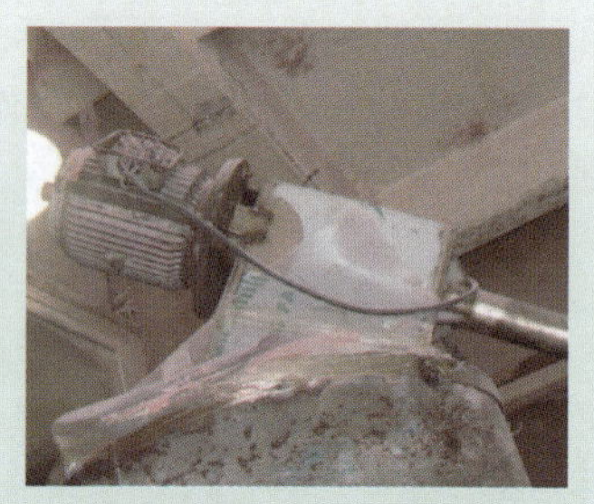

！电动机接线后未上接线盒盖

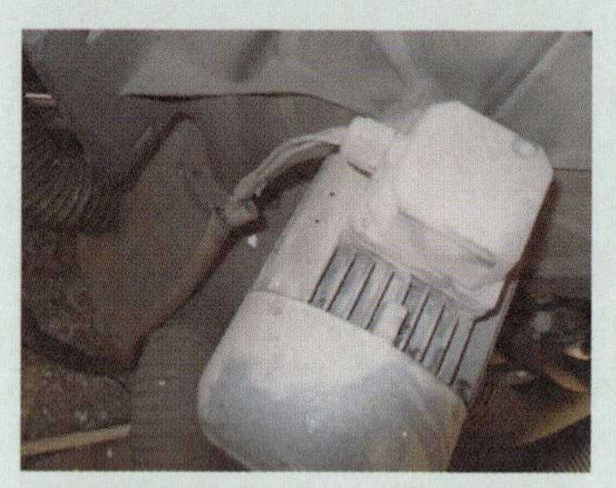

！电动机接线盒连接附件与线管不配套

！电动机电源导线未套管防护

！护套软线绝缘层剥落过多导线外露

！电动机接线盒缺失后在外连接电源线

防范措施

电动机的电源线路连接，要按照《1kV及以下配线工程施工与验收规范》（GB 50575—2010）中，第4.3.1条的规定：

钢导管与电气设备器具间可采用可弯曲金属导管或金属软管等做过渡连接，其两端应有专用接头，连接可靠牢固、密封良好。潮湿或多尘场所应采用能防水的导管。过渡连接的导管长度，动力工程不宜超过0.8m，照明工程不宜超过1.2m。

要按照《建筑电气工程施工质量验收规范》（GB 50303—2002）中，第14.2.10条的规定：

（1）刚性导管经柔性导管与电气设备、器具连接，柔性导管的长度在动力工程中不大于0.8m，在照明工程中不大于1.2m。

（2）可挠金属管或其他柔性导管与刚性导管或电气设备、器具间的连接采用专用接头；复合型可挠金属管或其他柔性导管的连接处密封良好，防液覆盖层完整无损。

（3）可挠性金属导管和金属柔性导管不能做接地（PE）或接零（PEN）的接续导体。

《机械安全机械电气设备 第1部分：通用技术条件》（GB 5226.1—2002）中，第14.5.8条规定：

用于配线目的接线盒和其他线盒应易于接近和维修。这些线盒应有防护，防止固体和液体的侵入，并考虑机械在预期工作情况下的外部影响（见12.3），接线盒与其他线盒不应有敞开的不用的砂孔，也不应有其他开口，其结构应能隔绝粉尘、飞散物、油和冷却液之类的物质。

《机械安全机械电气设备 第1部分：通用技术条件》（GB 5226.1—2002）中，第4.3.8条规定：

设计者应充分考虑电气设备在使用中受到的热、振动及其他机械应力作用，其连接的松动或脱落而造成电击、机械危险。

整改结果

电动机正规的电源线路安装

安全隐患5-3

电气设备外部控制线路不规范

隐患现象

！接线端子盒破损后未及时补充

！接线盒外金属软导管破损

！接线盒破损后继续使用

！电磁阀接线端子盒破损后直接接线

！牵引电磁阀线圈电源接线端子外露

！改动线路未使用原配的接线附件

防范措施

➡ 电气设备线路敷设用的可弯曲金属导管（蛇皮管），在使用中要按照《1kV及以下配线工程施工与验收规范》（GB 50575—2010）中，第4.3.3条的规定：

金属软管不应退绞、松散、有中间接头；不应埋入地下、混凝土内和墙体内；可敷设在干燥场所，其长度不宜大于2m，金属软管应接地良好，并不得作为接地的接续导体。

➡ 要按照《1kV及以下配线工程施工与验收规范》（GB 50575—2010）中，第4.3.2条的规定：

可弯曲金属导管间和盒（箱）间的连接应采用与导管型号规格相适配的专用接头，连接可靠牢固，并用配套的专用接地线卡跨接。

➡ 电气设备上的电源线路敷设导线有接头时，要按照《1kV及以下配线工程施工与验收规范》（GB 50575—2010）中，第5.1.2条的规定：

电线接头应设置在盒（箱）或器具内，严禁设置在导管或线槽内，专用接线盒的设置位置应便于检修。

➡《国家电网公司电力安全工作规程（火电厂动力部分）》中，第4.3.5条规定：

电源开关外壳和电线绝缘有破损不完整或带电部分外露时，应立即找电工修好，否则不准使用。电工修理时不得改动电源开关和安全保护装置。

➡ 对于电气设备上的电器安装及电气线路的敷设，要经常地进行检查和维护，要按照《用电安全导则》（GB/T 13869—2008）中，第6.7条的规定：

用电产品的电气线路须具有足够的绝缘强度、机械强度和导电能力并应定期检查。

整改结果

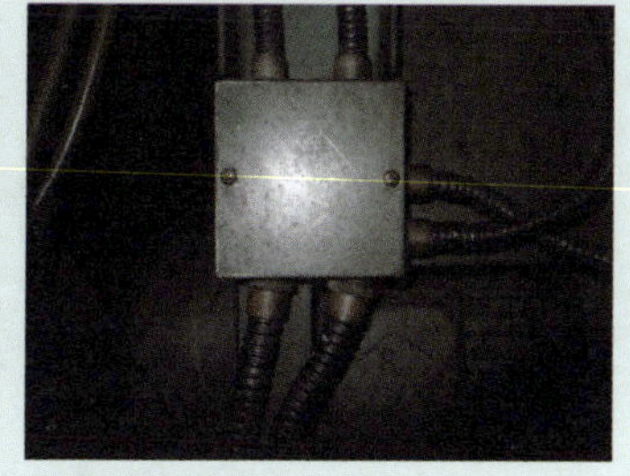

电气设备外部控制电器电源线路的连接防护方式

安全隐患5-4

电气控制箱内电路或线路不规范

隐患现象

！控制箱内线路敷设凌乱

！控制箱内电器未规定安装

！控制箱内线路敷设凌乱及部分电器未固定

！控制箱内线路未使用线槽进行敷设

！控制箱内线路未整理堆放在一起

防范措施

电气设备控制箱内的控制线路，要按照《电气装置安装工程低压电器施工及验收规范》(GB 50254—1996) 中的规定。

2.0.4 接线应排列整齐、清晰、美观，导线绝缘应良好、无损伤。

2.0.5 成排或集中安装的低压电器应排列整齐；器件间的距离，应符合设计要求，并应便于操作及维护。

电气控制箱内的电源和控制线路的连接，要按照《电气控制设备》(GB/T 3797—2005) 中，第 4.12.4.1 条的规定：

连接方式可以采用压接、绕接、焊接或插接并应符合其本身标准的规定。

所有接线点的连接必须牢固。通常，一个端子上只能连接一根导线，将两根导线或多根导线连接到一个端子上只有在端子是为此用途而设计的情况下才允许。

连接在覆板或门上的电器元件和测量仪器上的导线，应该使覆板和门的移动不会对导线产生任何机械损伤。

凡电路图或接线图上有回路标号者，其连接导线的端部应标出回路标号，标号应清晰、牢固、完整、不脱色。

防护等级要按照《机械电气安全　机械电气设备　第 1 部分：通用技术条件》(GB 5226.1—2008) 中，第 11.3 条的规定：

控制设备应有足够的能力防止外界固体物和液体的侵入，并要考虑到机械运行时的外界影响（即位置和实际环境条件），且就充分防止灰尘、冷却液和切屑。

整改结果

电气控制箱线路的正规敷设

安全隐患5-5

双手操作设备按钮颜色混乱及违规使用

隐患现象

! 启动按钮用红色停止按钮用绿色

! 两个启动按钮用红色停止按钮用白色

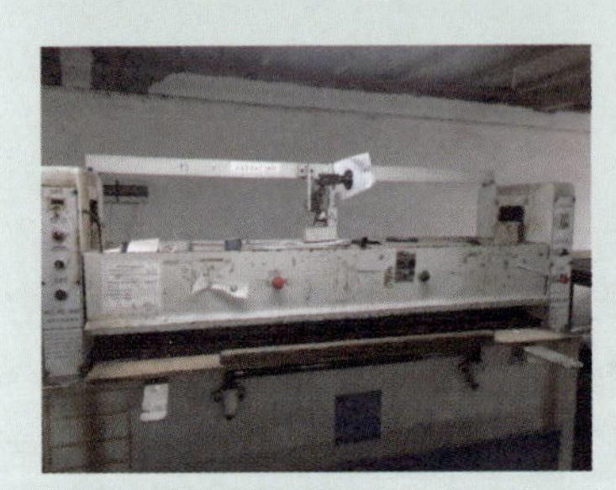

! 启动按钮一个红色一个绿色

! 启动按钮和停止按钮全部使用红色

! 两边的操作按钮完全不同红绿颜色混乱

! 启动按钮一个红色一个绿色并违规使用铁压板

防范措施

➡ 对于电气设备安全需要的双手操纵装置，按钮使用的颜色要按照《安全色光通用规则》（GB/T 14778—2008）中，第4.1.1条红色光的规定：

红色光表示下列事项的基本色光：①禁止；②停止；③危险；④紧急；⑤防火。

➡ 急停装置的按钮颜色要按照《机械安全 急停 设计原则》（GB 16754—2008）中，第4.4.5条的规定：急停装置的操纵机构应为红色。如果在操纵机构的后面有背景，则背景的颜色应为黄色。

➡《电气设备安全设计导则》（GB/T 25295—2010）中，第5.7.3条规定：

紧急切断电源的开关或系统应设计为红色标志，且应分布在可能出现危险处。操作紧急切断电源的开关或系统的动作不允许危及电气设备的安全，且动作后必须手动将连接部分复位后电气设备才能进行起动。

➡《机械安全双手操纵装置功能状况及设计原则》（GB/T 19671—2005）中，第5.7.1条规定：输出信号应在两个操纵控制器件的作用时间间隔小于或等于0.5s时产生，见图5-1。

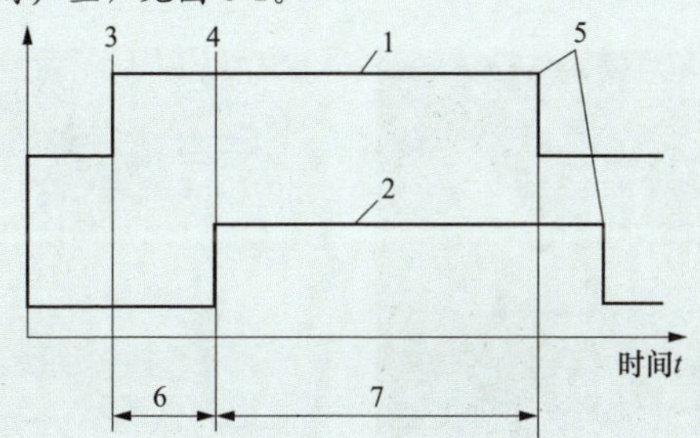

图5-1　同步操纵情况下的输入信号

1—第一只手的信号；2—第二只手的信号；3—第一个输入信号激发；4—第二个输入信号激发；5—输入信号中断；6—同步操纵时，时间拖延不大于0.5s；7—同步操纵的时间段

整改结果

双手操作电气设备按照规定的按钮颜色进行的安装

安全隐患5-6

电器接线端子连接不规范

隐患现象

！热继电器导线压接头严重过热

！接触器下端多股导线压接头严重过热

！接触器上端多股导线压接头严重过热

！接触器多根导线绝缘层因过热而脆化发黑

！接触器连接导线因过热绝缘层套管变色

！接触器采用不同截面的导线同时压接

防范措施

电气设备电气控制箱内电源导线的连接，要按照《1kV 及以下配线工程施工与验收规范》(GB 50575—2010) 中，第 5.1.3 条的规定：

电线线芯与设备、器具的连接应符合下列规定：

(1) 截面面积在 10mm² 及以下的单股铜芯线和单股铝芯线直接与设备，器具的端子连接。

(2) 截面面积在 2.5mm² 及以下的多股铜芯线应先拧紧搪锡或接续端子后与设备、器具的端子连接。

(3) 截面面积大于 2.5mm² 的多股铜芯线，除设备自带插接式端子外，应接续端子后与设备、器具的端子连接；多股铜芯线与插接式端子连接前，端部应拧紧搪锡。

(4) 多股铝芯线接续端子后与设备、器具的端子连接。

(5) 每个设备、器具的端子接线不得多于 2 根电线。

(6) 电线端子的材质和规格应与芯线的材质和规格适配，截面面积大于 1.5mm² 的多股铜芯线与器具端子连接用的端子孔不应开口。

电气控制箱内电源导线的连接不应有接头，要按照《电气控制设备》(GB/T 3797—2005) 中，第 4.12.4.1 条的规定：

连接方式可以采用压接、绕接、焊接或插接并应符合其本身标准的规定。

所有接线点的连接必须牢固。通常，一个端子上只能连接一根导线，将两根导线或多根导线连接到一个端子上只有在端子是为此用途而设计的情况下才允许。

要按照《电气装置安装工程 低压电器施工及验收规范》(GB 50254—1996) 中，第 2.0.4.4 条的规定：

电器的接线应采用铜质或有电镀金属防锈层的螺栓和螺钉，连接时应拧紧，且应有防松装置。

为了保证电器与导线芯线的连接，《建筑电气工程施工质量验收规范》(GB 50303—2002) 中，第 18.2.2 条规定：

电线、电缆的芯线连接金具（连接管和端子），规格应与芯线的规格适配，且不得采用开口端子。

整改结果

电器接线端子正规的连接接线方式

第六章

手持及移动电气设备违规使用

手持及移动电气设备的违规使用，在工厂企业及日常工作中是违规使用较多的电器，也是人身伤害事故的高发电器。

安全隐患6-1

移动式电气设备违规使用

隐患现象

！电源软电缆从倒顺开关直接无盖拉出

！切割机软电缆线随意性地放在加工地面

！电源软电缆有接头并与外壳相接触

！内安装电器明安装在切割机的构架上

！切割机电源软电缆有接地并拖放在地面使用

！软电缆绝缘破损缠绕在机械上并拖放在地面使用

防范措施

➡ 移动式电气设备的电源线不能放置在地面上拖放使用，要按照《建设工程施工现场供用电安全规范》（GB 50194—1993）中，第5.4.9条的规定：

移动式电动工具和手持式电动工具的电源线，必须采用铜芯多股橡套软电缆或聚氯乙烯绝缘聚氯乙烯护套软电缆。电缆应避开热源，且不得拖拉在地上。当不能满足上述要求时，应采取防止重物压坏电缆等措施。

➡《电力建设安全工作规程（变电站部分）》（DL 5009.3—1997）中，第3.10.4.6条规定：

使用可携式或移动式电动机具时，必须戴绝缘手套或站在绝缘垫上；移动电动机具时，不得提着电线或机具的转动部分。

➡《电力建设安全工作规程》（火力发电厂部分）（DL 5009.1—2002）中，第13.4.5条规定：

连接电动机械及电动工具的电气回路应单独设开关或插座，并装设漏电保护器，金属外壳应接地；电动工具必须做到“一机一闸一保护”。

➡《电业安全工作规程 第1部分：热力和机械》（GB 26164.1—2010）中，第3.6.5.4条规定：

电气工器具的电线不应接触热体，不应放在潮湿的地上，经过通道时必须采取架空或套管等其他保护措施，严禁重载车辆或重物压在电线上。

➡《建设工程施工现场供用电安全规范》（GB 50194—1993）中，第5.4.3条规定：

移动式电动工具、手持式电动工具通电前应做好保护接地或保护接零。

➡ 手持式电动工具的软电缆线损坏后，不能使用普通的塑料绝缘导线来进行更换，要按照《手持式电动工具的管理、使用、检查和维修安全技术规程》（GB/T 3787—2006）中，第4.7条的规定：

工具的电源线不得任意接长或拆换。当电源离工具操作点距离较远而电源线长度不够时，应采用耦合器进行连接。

安全隐患6-2

手持式行灯违规使用

隐患现象

！手持式行灯使用 220V 灯泡

！手持式行灯防护网破损

！低位置安装使用金属网 220V 灯具

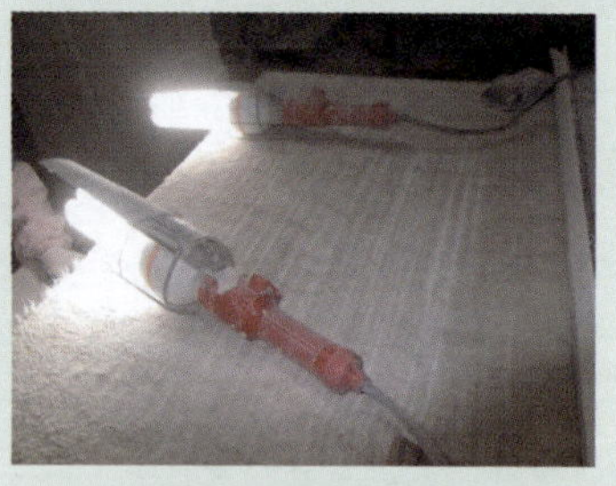

！手持式灯具无防护网灯体外露

！电气设备使用 220V 手持式灯具

！手持式行灯使用塑料导线做电源

防范措施

车间内照明灯具的安装与使用，要按照《建筑机械使用安全技术规程》(JGJ 33—2001) 中，第3.6.20条的规定：

照明采用电压等级应符合下列要求：①一般场所为220V；②隧道、人防工程、有高温、导电灰尘或灯具离地面高度低于2.4m等场所不大于36V；③在潮湿和易触及带电体场所不大于24V；④在特别潮湿的场所、导电良好的地面、锅炉或金属容器内不大于12V。

提供照明安全电压使用的变压器，要按照《施工现场临时用电安全技术规范》(JGJ 46—2005) 中，第10.2.5条的规定：

照明变压器必须使用双绕组型安全隔离变压器，严禁使用自耦变压器。

《施工现场临时用电安全技术规范》(JGJ 46—2005) 中，第10.2.3条规定：

使用行灯应符合下列要求：①电源电压不大于36V；②灯体与手柄应坚固、绝缘良好并耐热耐潮湿；③灯头与灯体结合牢固，灯头无开关；④灯泡外部有金属保护网；⑤金属网、反光罩、悬吊挂钩固定在灯具的绝缘部位上。

整改结果

行灯使用不高于36V电压的灯泡、有专用插头、专用双圈变压器（或由机床内提供）

安全隐患6-3

电焊机电源线不使用橡套软线

隐患现象

！电焊机一次侧使用塑料绝缘导线

！电焊机电源导线拖放在地面使用

！电焊机用塑料导线远距离拖地使用

！电焊机及导线堆放车间门口地面上使用

！塑料导线过载使用提供电焊机电源

！电焊机一二次侧导线混合放置在地面上

防范措施

移动式电焊机上使用的电源导线，要按照《用电安全导则》（GB/T 13869—2008）中，第6.8条的规定：

移动使用的用电产品，应采用完整的铜芯橡皮套软电缆或护套软线作电源线；移动时，应防止电源线拉断或损坏。

车间内使用的移动式电焊机，必须要连接接零保护线，要按照《电业安全工作规程 第1部分：热力和机械》（GB 26164.1—2010）中，第14.2.3条的规定：

固定或移动的电焊机（电动发电机或电焊变压器）的外壳以及工作台，必须有良好的接地。焊机应采用空载自动断电装置等防止触电的安全措施。

车间内使用的移动式电焊机，电焊机一次侧电源线，不能用塑料绝缘导线代替，也不能拖放在地面使用，要按照《电力建设安全工作规程》（火力发电厂部分）（DL 5009.1—2002）中，第11.2.4条的规定：

电焊机一次侧电源线应绝缘良好，长度一般不得大于3m；超长时，应架高布设。

电焊机要有完善的保护装置，电焊机必须要有接零保护线，要按照《施工现场机械设备检查技术规程》（JGJ 160—2008）中，第8.1.9条中的规定：

安全防护装置应齐全、有效；漏电保护器参数应匹配，安装应正确，动作应灵敏可靠；接地（接零）应良好，应配装二次侧漏电保护器。

电焊机的二次电焊电缆的长度，要按照《施工现场机械设备检查技术规程》（JGJ 160—2008）中，第8.1.4条的规定：

电焊机的二次线应采用防水橡皮护套铜芯软电缆，电缆长度不宜大于30m。当需要加长电缆时，应相应增加截面。

整改结果

使用橡套软线规范安装的电焊机电源线

安全隐患6-4

电焊机电焊线端子安装不规范

隐患现象

！电焊线护口未压裸线有断股

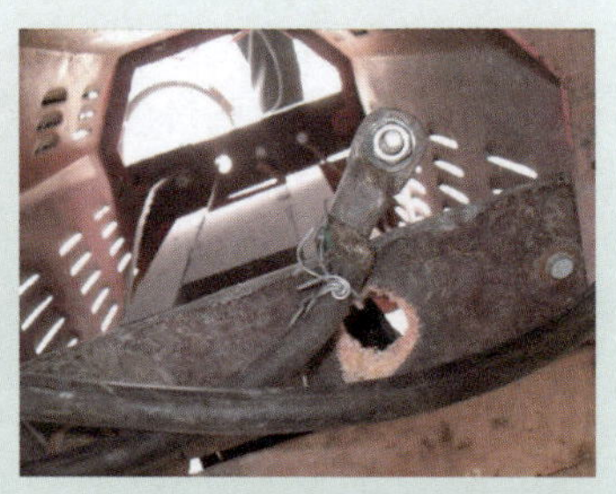

！接线端子板破损未及时修复

！电焊线接线端子压接不规范

！违规直接将电焊裸线连接到接线端子上

！用压板违规压接电焊导线

！用螺丝未固定连接电焊导线

防范措施

电焊机的电源线的截面积，要保证电焊机工作电流的要求，要按照《通用用电设备配电设计规范》（GB 50055—2011）中，第4.0.3条的规定：

电焊机电源线的载流量不应小于电焊机的额定电流；断续周期工作制的电焊机的额定电流应为其额定负载持续率下的额定电流，其电源线的载流量应为断续负载下的载流量。

电焊机的接线端子上，各种配件要齐全，连接要牢固可靠，要按照《施工现场机械设备检查技术规程》（JGJ 160—2008）中，第8.2.1条的规定：

（1）一、二次接线保护板应完好，接线柱表面应平整，不应有烧蚀、破裂；

（2）接线柱的螺帽、铜垫圈、母线应紧固，螺母不应有破损、烧蚀、松动；

（3）接线保护应完好。

电焊机的二次侧的电焊线，如果有断股的现象时，要按照《建筑机械使用安全技术规程》（JGJ 33—2001）中，第12.1.8条的规定：

电焊导线长度不宜大于30m。当需要加长导线时，应相应增加导线的截面。当导线通过道路时，必须架高或穿入防护管内埋设在地下；当通过轨道时，必须从轨道下面通过。当导线绝缘受损或断股时，应立即更换。

电焊机的二次侧的电焊线的连接板不能有损坏，损坏后要及时地更换，要按照《建筑机械使用安全技术规程》（JGJ 33—2001）中，第12.4.2条的规定：

次级抽头连接铜板应压紧，接线桩应有垫圈。合闸前，应详细检查接线螺帽、螺栓及其他部件并确认完好齐全、无松动或损坏。

整改结果

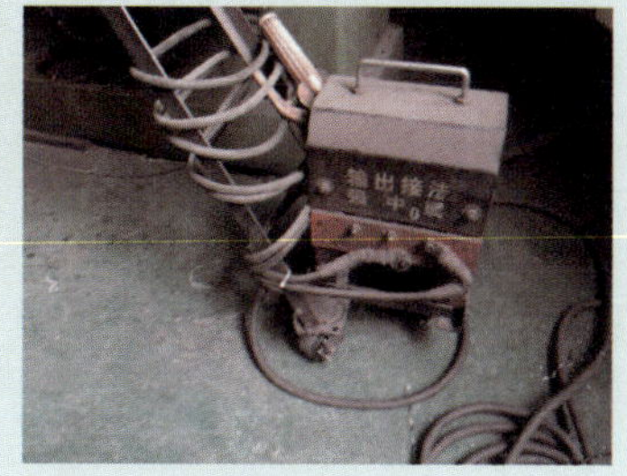

电焊机二次侧电焊软电缆采用正规接线端子

安全隐患6-5

电焊钳违规安装与使用

隐患现象

！电焊钳所接多股电焊导线已经有近一半断股

！电焊钳外壳破损用胶带缠绕继续使用

！电焊钳多股电焊导线绝缘层脱离

防范措施

电焊钳与软电缆线的连接，电焊钳的使用，要按照《建筑机械使用安全技术规程》（JGJ 33—2001）中，第12.1.7条的规定：

电焊钳应有良好的绝缘和隔热能力。电焊钳握柄必须绝缘良好，握柄与导线连结应牢靠，接触良好，连接处应采用绝缘布包好并不得外露。操作人员不得用胳膊夹持电焊钳。

电焊钳的使用要按照《电业安全工作规程 第1部分：热力和机械》（GB 26164.1—2010）中，第14.2.9条的规定：

电焊钳必须符合下列基本要求：①应牢固地夹住焊条；②焊条和电焊钳的接触良好；③更换焊条必须便利；④握柄必须用绝缘耐热材料制成。

电焊钳上的多股铜芯软电缆线，要保证使用时无断股的现象，要按照《电力建设安全工作规程（变电站部分）》（DL 5009.3—1997）中，第3.9.2.8条的规定：

焊钳及电焊线的绝缘必须良好；导线截面积应与工作参数相适应。焊钳应具有良好的隔热能力。

整改结果

电焊钳外壳绝缘良好及软电线正确安装

安全隐患6-6

空气压缩机电源线路违规安装

隐患现象

! 空气压缩机电源线路违规安装

防范措施

车间内的开关箱及线路，不能安装在可燃性的材料（木板）上，要按照《建筑内部装修防火施工及验收规范》（GB 50354—2005）中，第7.0.10条规定：

配电箱的壳体和底板应采用A级材料制作，配电箱不应直接安装在低于B1级的装修材料上。

装修材料按其燃烧性能应划分为四级，并应符合表6-1的规定。

表6-1　装修材料燃烧性能等级

等级	装修材料燃烧性能	等级	装修材料燃烧性能
A	不燃性	B2	可燃性
B1	难燃性	B3	易燃性

空气压缩机的电源线路的敷设，要采用阻燃材料的导管或线槽敷设，要按照《1kV及以下配线工程施工与验收规范》（GB 50575—2010）中，第3.0.12条的规定：

配线工程用的塑料绝缘导管、塑料线槽及其配件必须由阻燃材料制成，导管和线槽表面应有明显的阻燃标识和制造厂厂标。

空气压缩机在安装使用时，空气压缩机的金属外壳要接零保护，要按照《施工现场机械设备检查技术规程》（JGJ 160—2008）中，第3.2.4条的规定：

电器和电控装置应齐全、可靠，电气系统绝缘应良好，接地装置敷设、接地体（线）连接正确、牢固，接地电阻应符合国家现行标准《施工现场临时用电安全技术规范》（JGJ 46）的有关规定。

整改结果

固定地点正规线路安装空气压缩机

安全隐患6-7

手持电动工具违规使用的安全隐患

隐患现象

！未穿戴任何防护用品使用电锤

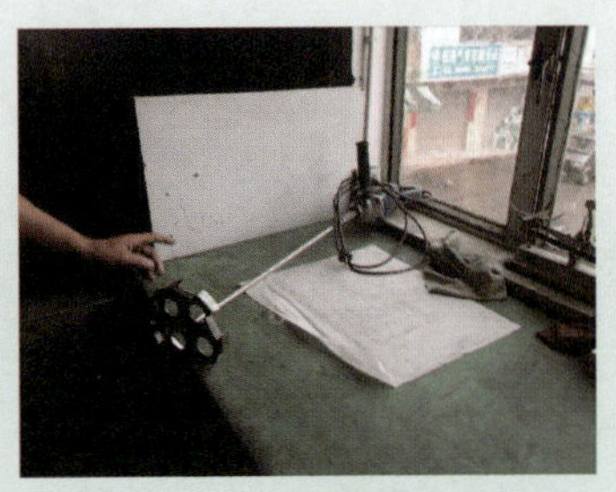

！将手电钻改装为有锋利锐口的搅拌器

！将电动工具改变其使用用途

！手电钻破损后用胶纸缠绕后继续使用

！用塑料导线替代原来的X型软电缆线

！电动工具X型软电缆线破损后继续使用

防范措施

➡ 在使用手持式电动工具前，要按照《电力建设安全工作规程》（火力发电厂部分）（DL5009.1—2002）中，第13.4.2条的规定：

电动工具使用前应检查下列各项：①外壳、手柄无裂缝、无破损；②保护地线或保护零线连接正确、牢固；③电缆或软线完好；④插头完好；⑤开关动作正常、灵活，无缺损；⑥电气保护装置完好；⑦机械防护装置完好；⑧转动部分灵活。

➡ 要按照《手持式电动工具的管理、使用、检查和维修安全技术规程》（GB/T 3787—2006）中，第5.5条中的规定：

工具如有绝缘损坏，电源线护套破裂、保护接地线（PE）脱落、插头插座裂开或有损于安全的机械损伤等故障时，应立即进行修理。在未修复前，不得继续使用。

➡ 手持式电动工具使用的软电缆线，要按照《电业安全工作规程 第1部分：热力和机械》（GB 26164.1—2010）中，第3.6.5.1条的规定：

电气工器具应由专人保管，每6个月测量一次绝缘，绝缘不合格或电线破损的不应使用。手持式电动工具的负荷线必须采用橡皮护套铜芯软电缆，并不应有接头。

➡《手持式电动工具的安全 第一部分 通用要求》（GB 3883.1—2008）中，第8.12.2条规定：

对于需要用一条专门制备的软线来更换原有软线的X型联接工具：工具的电源线如果损坏，必须用一条通过特约维修机构购得的专门制备软线来更换；

对于Y型连接工具：当需要更换电源线时，为了避免对安全性产生危害，必须由制造商或其代理商进行更换；

对于Z型连接工具：工具的电源线不能更换，工具应报废。

➡《施工现场临时用电安全技术规范》（JGJ 46—2005）中，第9.6.6条规定：

使用手持式电动工具时，必须按规定穿、戴绝缘防护用品。

➡ 使用手持式电动工具，要按照《水利水电工程施工通用安全技术规程》（SL 398—2007）中，第4.6.6条的规定：

（1）一般场所应选用Ⅱ类手持式电动工具，并应装设额定动作电流不大于15mA、额定漏电动作时间小于0.1s的漏电保护器。若采用Ⅰ类手持式电动工具，还应作保护接零。

(2) 露天、潮湿场所或在金属构架上操作时，应选用Ⅱ类手持式电动工具，并装设漏电保护器。严禁使用Ⅰ类手持式电动工具。

(3) 狭窄场所（锅炉、金属容器、地沟、管道内等），宜选用带隔离变压器的工类手持式电动工具；若选用Ⅱ类手持式电动具，应装设防溅的漏电保护器。把隔离变压器或漏电保护器装设在狭窄场所外面，工作时应有人监护。

(4) 手持电动工具的负荷线应采用耐气候型的橡皮护套铜芯软电缆，并不应有接头。

(5) 手持式电动工具的外壳、手柄、负荷线、插头、开关等应完好无损，使用前应作空载检查，运转正常方可使用。

防护装置要按照《电业安全工作规程 第1部分：热力和机械》(GB 26164.1—2010) 中，第3.6.2.7条的规定：

除特殊工作需要的手提式小型砂轮，禁止使用没有防护罩的砂轮机。

整改结果

电气防护完整的手持电动工具

第七章

插座及开关违规安装

插座和开关是为各类照明电路、手持电动工具、移动电器具、小型电气设备等，提供电源和起控制作用的低压电器，因其应用范围广泛和使用的数量多，在安装和使用时出现故障的几率也较高，会引起各式各样的安全隐患。

安全隐患7-1

墙上插座或开关安装固定不规范

隐患现象

！墙壁上打孔不规范引起插座脱落

！墙壁上打入的木桩不规范引起插座脱落

！插座底盒孔过大引起插座盒脱离

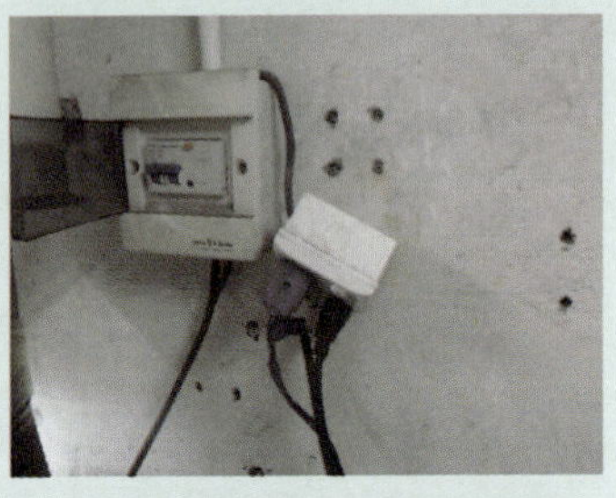

！插座的紧固螺丝太短引起插座脱落

！墙壁上孔径过大引起膨胀胶塞拔出

！不考虑墙壁的材料安装引起插座脱落

防范措施

要按照《工业用插头插座和耦合器 第1部分：通用要求》（GB/T 11918—2001）中的规定。

15.4：用以提供防触电保护的外壳和插座的部件应有足够的机械强度，并应牢固地固定，做到正常使用时不会松脱。不用工具应无法将这些部件卸下。

23.1：插头和连接器应装配电缆固定部件，使导线在其连接到端子或端头之处不受包括绞拧在内的应力，并使导线的护层受到保护而不被磨损。

13.7：用于确保防电击的盖、盖板或其部件，应在两个或多个点上通过有效的固定件固定。

整改结果

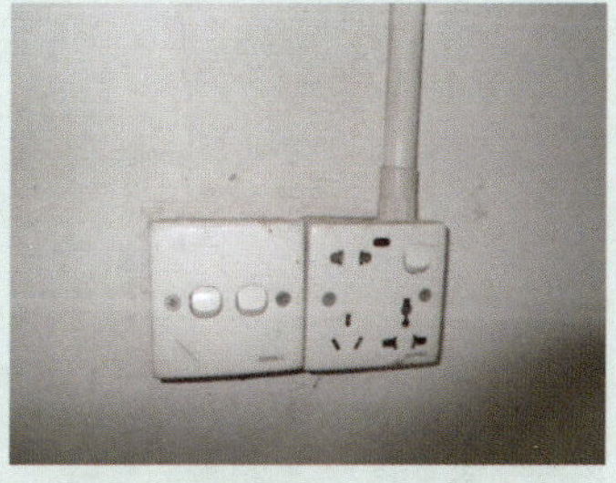

明安装和暗安装的插座与开关要安装牢固

安全隐患7-2

插座或开关违规固定

隐患现象

！用布带来固定插座

！插座底盒采用直角固定方式

！采用插座的上两孔进行底盒固定

！采用插座的下两孔进行底盒固定

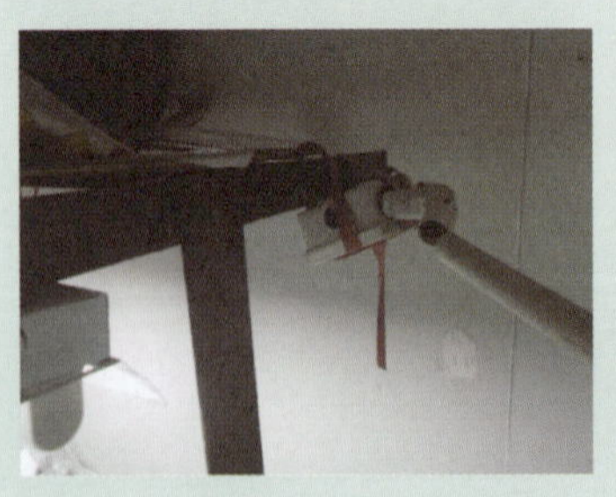

！用胶带将插座及底盒固定在灯具架上

！用胶带将插座及底盒固定在角钢上

防范措施

《1kV及以下配线工程施工与验收规范》（GB 50575—2010）中，第4.4.2条规定：

导管管口应平整光滑；管与管、管与盒（箱）等器件采用承插配件连接时，连接处结合面应涂专用胶合剂，接口处牢固密封。

《工业用插头插座和耦合器 第1部分：通用要求》（GBT 11918—2001）中，第13.7条规定：

用于确保防电击的盖、盖板或其部件，应在两个或多个点上通过有效的固定件固定。

插座安装盒的固定要牢固可靠，不能只要能够使用就可以了，要按照《工业用插头插座和耦合器 第1部分：通用要求》（GB/T 11918—2001）中，第13.7条的规定：

用于确保防电击的盖、盖板或其部件，应在两个或多个点上通过有效的固定件固定。

《通用用电设备配电设计规范》（GB 50055—2011）中，第8.0.6条规定：

插座的形式和安装要求应符合下列规定：在潮湿场所，应采用具有防溅电器附件的插座，安装高度距地不应低于1.5m。

整改结果

在灯架及角钢上牢固地安装开关和插座

安全隐患7-3

插座火零线接反或不接地线

隐患现象

！插座未安装接地线

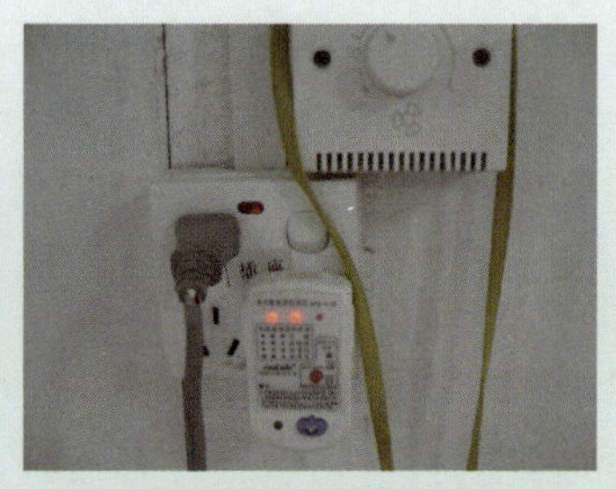

！插座的火零线接反

！三相四孔插座只连接三根电源线

！插座上只连接二根电源导线

！从开关箱中未套导管连接二根电源导线

！插座采用二根电源导线串联连接的方式

防范措施

插座的电源线路的连接，要按照《建筑电气照明装置施工与验收规范》(GB 50617—2010) 中，第 5.1.2 条的规定：

(1) 单相两孔插座，面对插座，右孔或上孔应与相线连接，左孔或下孔应与中性线连接；单相三孔插座，面对插座，右孔应与相线连接，左孔应与中性线连接。

(2) 单相三孔、三相四孔及三相五孔插座的保护接地线 (PE) 必须接在上孔。插座的保护接地端子不应与中性线端子连接。同一场所的三相插座，接线的相序应一致。

整改结果

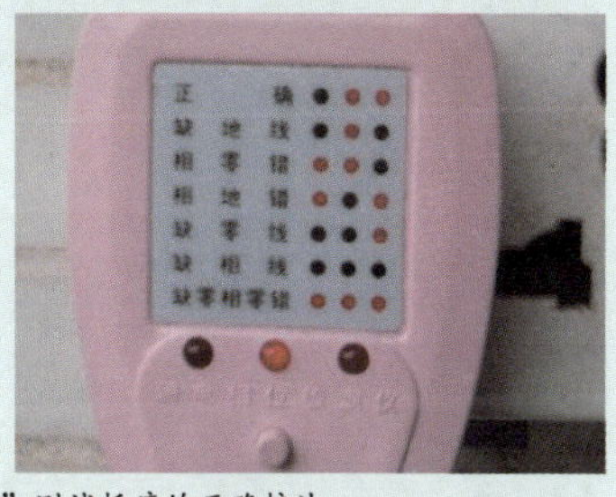

用“漏电相位检测仪”测试插座的正确接法

安全隐患7-4

插座或开关出现破损后还继续使用

隐患现象

！插座外壳破损后继续使用

！插座有贯通裂隙继续使用

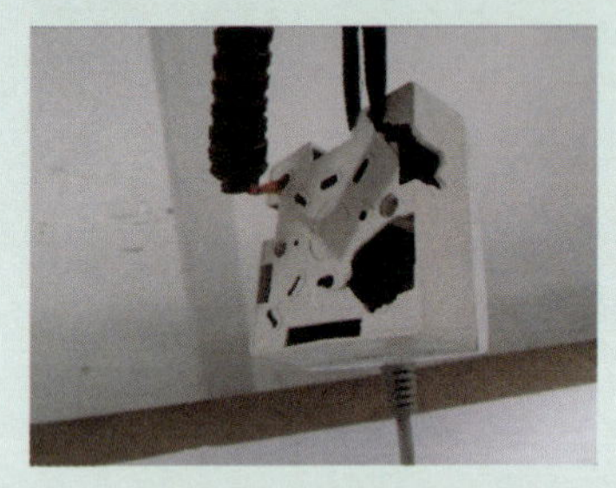

！插座外壳破损脱落后继续使用

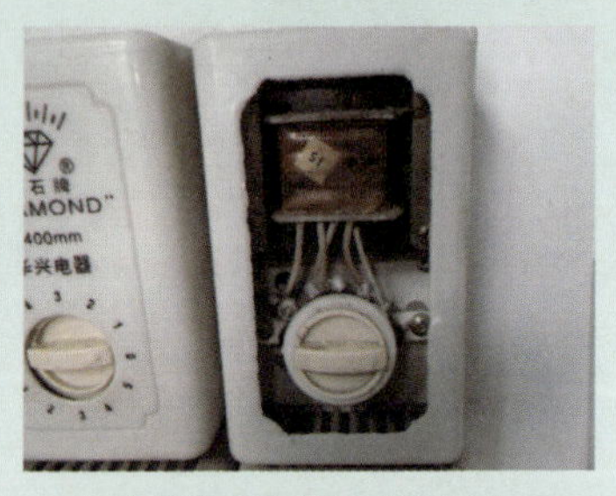

！调速开关破损后继续使用

！插座带电部位破损后继续使用

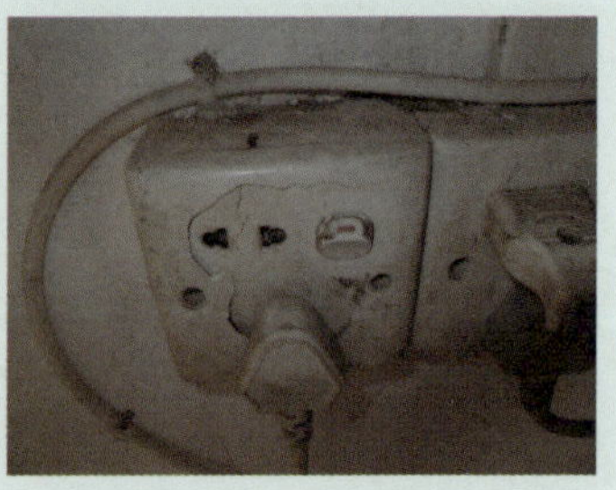

！插座面板下陷破损后继续使用

防范措施

对于使用过程中已经有破损的插座，要按照《工业用插头插座和耦合器 第1部分：通用要求》（GB/T 11918—2001）中，第3.5.5条的规定：

电源开关外壳和电线绝缘有破损不完整或带电部分外露时，应立即找电气人员修好，否则不准使用。不准使用破损的电源插头插座。

《工业用插头插座和耦合器 第1部分：通用要求》（GB/T 11918—2001）中，第24.2.1条规定：

电器附件应有足够的机械强度，在经受了正常使用过程中出现的冲击后，仍应能维持标志所示的防护等级。

《家用和类似用途插头插座 第一部分 通用要求》（IEC 60884-1—2002）中，第13.13条规定：

明装式插座的安装板应有足够的机械强度。

对于生产车间内，明安装插座的固定，要按照《工业用插头插座和耦合器 第1部分：通用要求》（GB/T 11918—2001）中，第1 5.4条的规定：

用以提供防触电保护的外壳和插座的部件应有足够的机械强度，并应牢固地固定，做到正常使用时不会松脱。不用工具应无法将这些部件卸下。

已经有破损的插座应及时更换。《建设工程施工现场消防安全技术规范》（GB 50720—2011）中，第6.3.2条规定：

电气线路应具有相应的绝缘强度和机械强度，严禁使用绝缘老化或失去绝缘性能的电气线路，严禁在电气线路上悬挂物品。破损、烧焦的插座、插头应及时更换。

整改结果

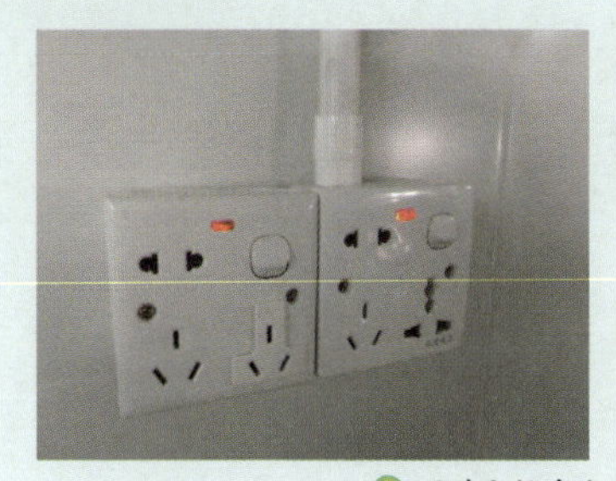

开关和插座破 损后要及时地更换

安全隐患7-5

插座或开关的面板未紧固继续使用

隐患现象

! 插座只安装了一个盖板固定螺丝

! 插座盖板与底座盒不配套

! 插座的底座上一端固定脚破损

! 插座底座两个端子的固定脚破损用胶带固定

! 插座底盒内电源导线过多致盖板合不上

! 开关的底座上一端固定脚破损

防范措施

《工业用插头插座和耦合器 第1部分：通用要求》（GB/T 11918—2001）中，第13.7条规定：

用于确保防电击的盖、盖板或其部件，应在两个或多个点上通过有效的固定件固定。

《电业安全工作规程 第1部分：热力和机械》（GB 26164.1—2010）中，第3.5.5条规定：

电源开关外壳和电线绝缘有破损不完整或带电部分外露时，应立即找电气人员修好，否则不准使用。不准使用破损的电源插头插座。

《工业用插头插座和耦合器 第1部分：通用要求》（GB/T 11918—2001）中，第9.1条规定：

电器附件的设计应能保证当插座和连接器按正常使用要求接线时，其带电部件是不易触及的，此外还应保证当插头和器具输入插座与配套电器附件部分或完全插合时其带电部件是不易触及的。

此外，应不可能在任何触头处于易触及状态时使插头或器具输入插座的插销与插座或连接器的插套之间进行接触。

整改结果

开关与插座的面板与开关要配套，面板要用紧固螺丝拧紧并安上装饰帽

安全隐患7-6

插座因过热受损后不及时更换

隐患现象

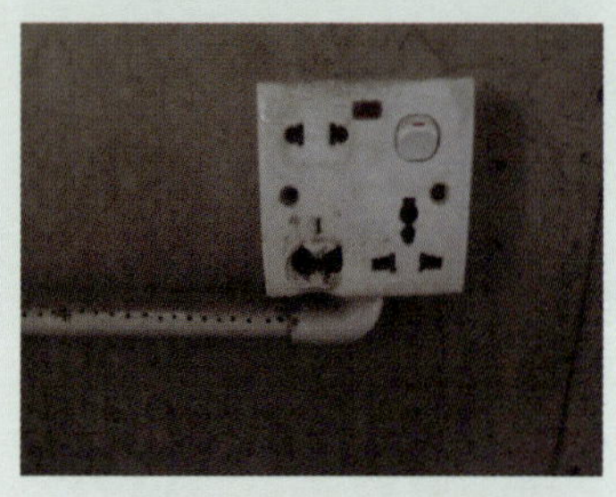

因为过负荷而将插座内的插套片退火及插座面板烧熔融

防范措施

《通用用电设备配电设计规范》（GB 50055—2011）中，第 8.05 条规定：

日用电器的插座线路，其配电应按下列规定确定：

（1）插座的计算负荷应按已知使用设备的额定功率计，未知使用设备应按每出线口 100W 计。

（2）插座的额定电流应按已知使用设备的额定电流的 1.25 倍计，未知使用设备应按不小于 10A 计。

（3）插座线路的载流量，对已知使用设备的插座供电时，应按大于插座的额定电流计；对未知使用设备的插座供电时，应按大于总计算负荷电流计。

《工业用插头插座和耦合器　第 1 部分：通用要求》（GB/T 11918—2001）中规定：

15.1 插套应设计成与对应插头完全插合时具有足够的接触压力。

16.1：连接器的插套应能自我调整，从而能保证有足够的接触压力。

因过热而受损的插座应及时更换。《工业用插头插座和耦合器　第 1 部分：通用要求》（GB/T 11918—2001）中，第 3.5.5 条规定：

电源开关外壳和电线绝缘有破损不完整或带电部分外露时，应立即找电气人员修好，否则不准使用。不准使用破损的电源插头插座。

整改结果

插座因过热受损后应及时更换，以保证插座安全可靠地正常使用

安全隐患7-7

插座线路违规延长使用

隐患现象

！用塑料导线连接固定式插座

！用塑料线从开关箱明接断路器连接固定式插座

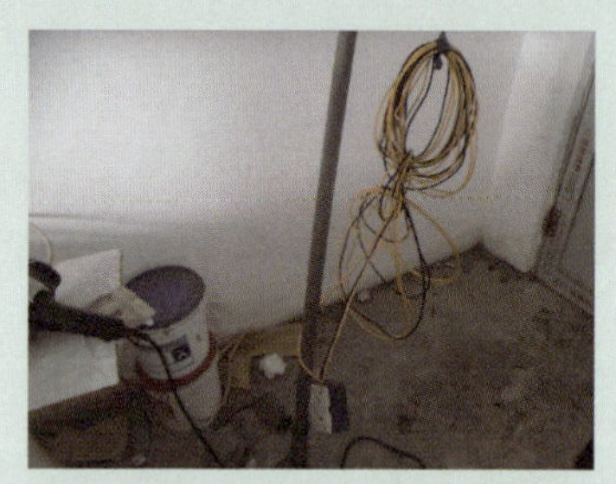

！用塑料导线远距离连接固定式插座

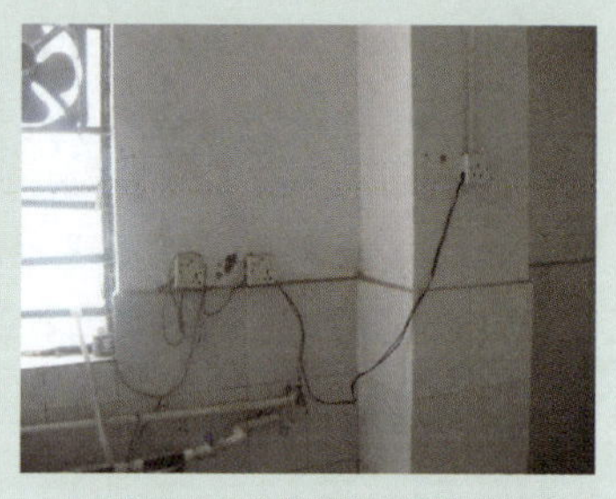

！从插座内用塑料导线连接其他插座

！用移动式插座与固定式插座串联拖地使用

！用塑料导线接固定式插座挂在墙壁上使用

防范措施

《电器附件 电线组件和互连电线组件》（GB 15934—2008）中，第3.1条规定：电线组件是指由一根带有一个不可拆线的插头和带有一个不可拆线的连接器的软缆或软线组成的，用于将电器器具或设备与电源连接的组件。

《工业用插头插座和耦合器 第1部分：通用要求》（GB/T 11918—2001）中规定：

15.4：用以提供防触电保护的外壳和插座的部件应有足够的机械强度，并应牢固地固定，做到正常使用时不会松脱。不用工具应无法将这些部件卸下。

15.5：电缆入口应能让电缆导管或电缆保护层进入，从而给电缆提供完善的机械保护。

23.1 插头和连接器应装配电缆固定部件，使导线在其连接到端子或端头之处不受包括绞拧在内的应力，并使导线的护层受到保护而不被磨损。

电缆固定部件的设计应能保证电缆不会触及易触及金属部件，或电气上与易触及金属部件连接的内部金属部件，例如，电缆固定部件螺钉，但若易触及金属部件连接到内部接地端子者除外。

移动的电气设备若需要加大使用的距离要采用移动式插座（电线组件和互连电线组件），《建设工程施工现场供用电安全规范》（GB 50194—1993）中，第5.4.9条规定：

移动式电动工具和手持式电动工具的电源线，必须采用铜芯多股橡套软电缆或聚氯乙烯绝缘聚氯乙烯护套软电缆。电缆应避开热源，且不得拖拉在地上。当不能满足上述要求时，应采取防止重物压坏电缆等措施。

整改结果

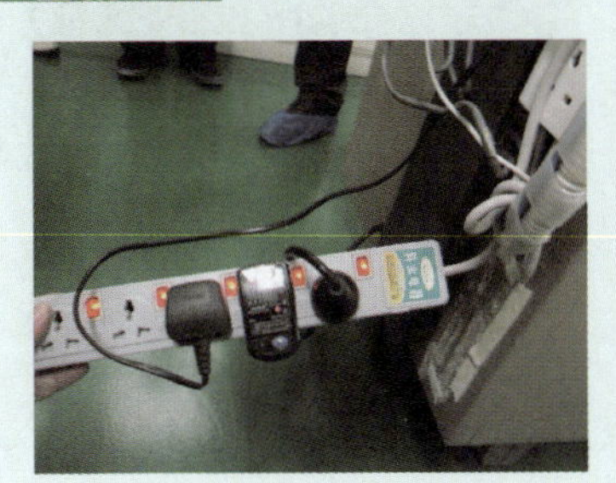

规范延长使用的插座线路

安全隐患7-8

插座或开关电源导线明安装

隐患现象

! 从门的对面直接用二根塑料导线拉线到插座

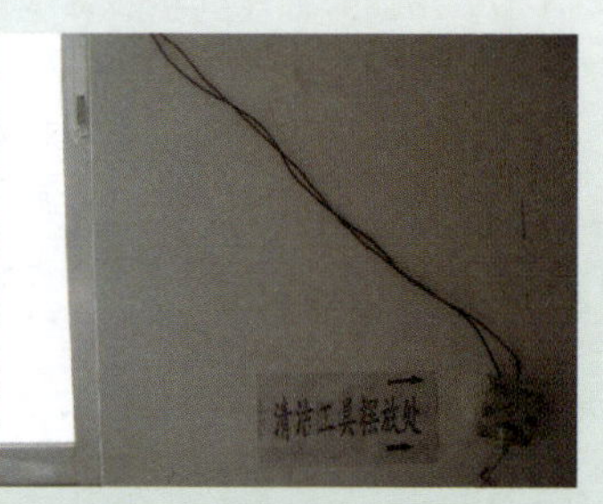

! 从墙壁的上方直接用二根塑料导线拉线到插座

! 直接用花线拉线到插座

! 从开关箱内直接用二根塑料导线拉线到插座

! 从木板的下面直接用塑料导线拉线到插座

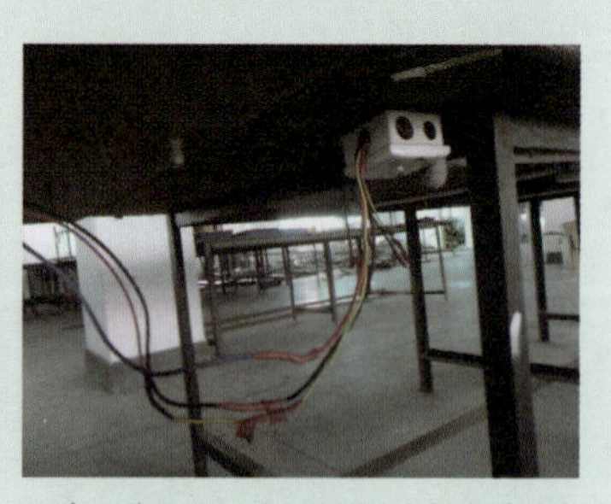

! 在工作台的下面用接头方式拉线到插座

防范措施

室内插座及开关的电源线路敷设要套导管或线槽防护，要按照《1kV及以下配线工程施工与验收规范》（GB 50575—2010）中，第3.0.12条的规定：

配线工程用的塑料绝缘导管、塑料线槽及其配件必须由阻燃材料制成，导管和线槽表面应有明显的阻燃标识和制造厂厂标。

《建筑电气照明装置施工与验收规范》（GB 50617—2010）中，第5.1.3条规定：

插座的安装应符合下列规定：当设计无要求时，插座底边距地面高度不宜小于0.3m；无障碍场所插座底边距地面高度宜为0.4m，其中厨房、卫生间插座底边距地面高度宜为0.7m～0.8m；老年人专用的生活场所电源插座底边距地面高度宜为0.7m～0.8m。

整改结果

规范安装的开关及插座

安全隐患7-9

插座或开关安装时乱开敲落孔

隐患现象

! 在安装开关及插座时，将安装盒不使用的敲落孔也敲落掉

防范措施

➡ 在安装插座与开关的安装盒时，要按照《家用和类似用途插头插座 第1部分：通用要求》(GB 2099.1—2008）中，第13.9条的规定：

明装式安装盒应构造成当其按正常使用和接线时，其罩壳除了插头插销入孔或其他接触的入孔外，如侧边接地接触或锁定装置等，无任何其他开孔。

➡《工业用插头插座和耦合器 第1部分：通用要求》（GB/T 11918—2001）中，第9.1条规定：

电器附件的设计应能保证当插座和连接器按正常使用要求接线时，其带电部件是不易触及的，此外还应保证当插头和器具输入插座与配套电器附件部分或完全插合时其带电部件是不易触及的。

整改结果

安装盒敲落孔正规的敲落安装

安全隐患7-10

普通明插座当地面插座使用

隐患现象

! 将普通明插座安装在工作柜前面的地面上

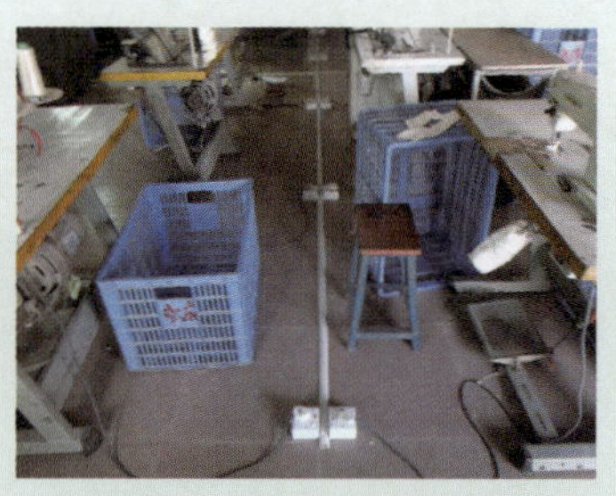

! 将明插座安装在衣车通道的地面上

! 用画线来保护地面上安装的明插座

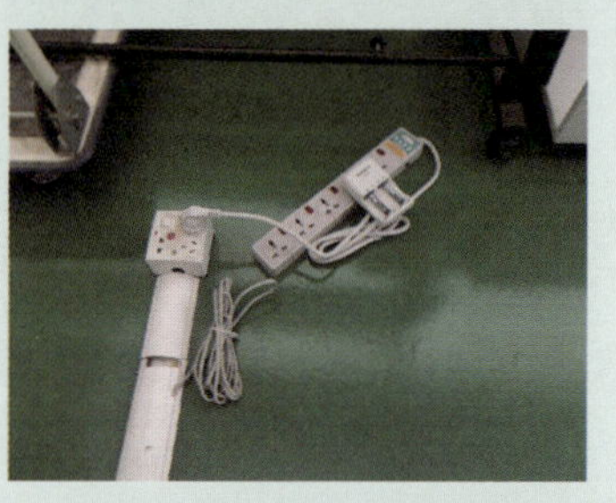

! 地面安装明插座连接移动插座

! 用墙壁上安装插座的方式在地面进行安装

! 在电气设备的背面通道地面上安装明插座

防范措施

这种场所插座安装，要采用墙面或地埋式的安装，要按照《建筑电气照明装置施工与验收规范》（GB 50617—2010）中，第5.1.3条的规定：

地面插座应紧贴地面，盖板固定牢固，密封良好。地面插座应用配套接线盒。插座接线盒内应干净整洁，无锈蚀。

《建筑电气工程施工质量验收规范》（GB 50303—2002）中，第22.1.2条规定：

插座接线应符合下列规定：车间及试（实）验室的插座安装高度距地面不小于0.3m；特殊场所暗装的插座不小于0.15m；同一室内插座安装高度一致。

整改结果

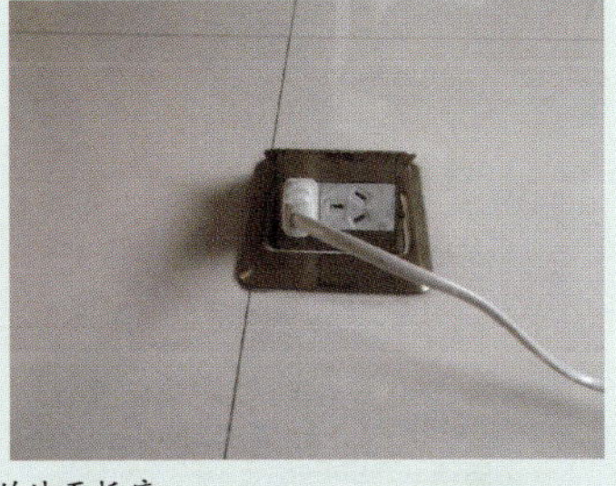

正规安装的地面插座

安全隐患7-11

插座和开关安装在可燃材料上

隐患现象

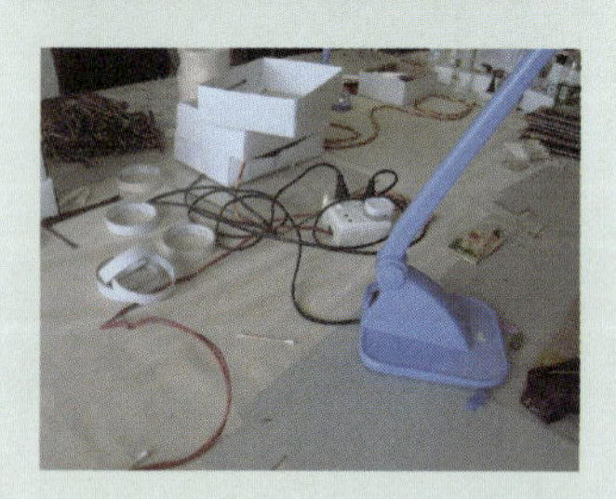

！插座安装在可燃材料（木板）上

防范措施

插座和开关不能安装在可燃的材料上，要保持一定的安全距离，要按照《住宅装饰装修工程施工规范》（GB 50327—2001）中，第4.4.2条的规定：

配电箱的壳体和底板宜采用A级材料制作。配电箱不得安装在B2级以下（含B2级）的装修材料上。开关、插座应安装在B1级以上的材料上。

装修材料燃烧性能等级见本书表6-1。

整改结果

在可燃性材料上间隔了阻燃板后再安装的插座

安全隐患7-12

插座及开关盒未使用连接附件

隐患现象

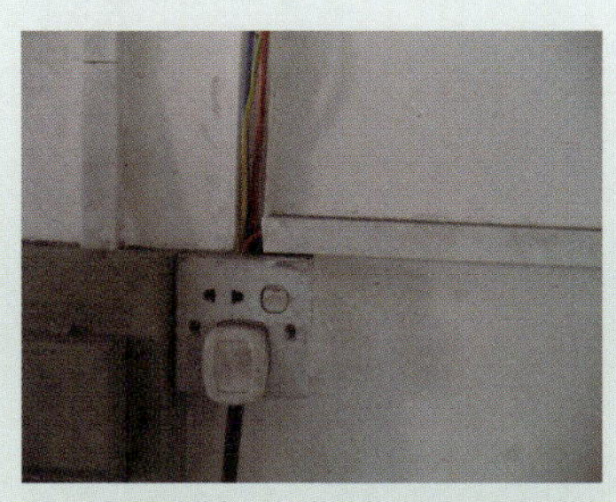

！线槽敷设未进入到插座安装盒内

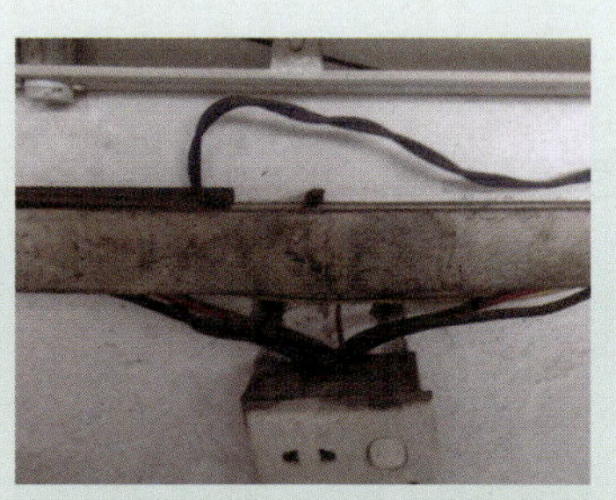

！将线槽内的导线直接接入插座内

！导管未采用附件接到插座内

！用黄蜡管作为开关及插座的导管

！直接从导管内将塑料导线接入插座

！用花线从线槽接电源后接入开关与插座内

防范措施

《工业用插头插座和耦合器 第1部分：通用要求》（GB/T 11918—2001）中，第15.7条规定：

插座在装有螺纹导管或护套电缆时，即使不与插头插合，亦应是完全封闭的。不禁止使用PVC护套电缆。用以保证完全封闭效果的零件，以及如标志标出了防护等级，用以保证此防护等级的器件均应牢牢固定于插座。此外，当插头完全插合时，插座应装有能保证标志规定的防护等级的器件。

《施工现场临时用电安全技术规范》（JGJ 46—2005）中，第8.6.11条的规定：

刚性塑料导管（槽）布线，在线路连接、转角、分支及终端处应采用专用附件。

对于导管、线槽的敷设，要按照《民用建筑电气设计规范》（JGJ 16—2008）中，第8.6.11条的规定：

刚性塑料导管（槽）布线，在线路连接、转角、分支及终端处应采用专用附件。

整改结果

使用导管附件安装敷设的开关和插座

安全隐患7-13

PE绝缘导线的颜色使用混乱

隐患现象

！用二根黄/绿相间双色导线接入插座

！用黑色和黄/绿相间双色导线接入插座

！从开关箱内用二根黄/绿相间双色导线接入插座

！用红色、黑色和黄/绿相间双色导线接入插座

！用二根黄色导线将电源接入插座

！用红色和黄/绿相间双色导线接入插座

防范措施

➡ 插座的电源线，不准使用绿/黄双色导线，要按照《施工现场临时用电安全技术规范》（JGJ 46—2005）中，第5.1.11条的规定：

相线、N线、PE线的颜色标记必须符合以下规定：

相线L1（A）、L2（B）、L3（C）相序的绝缘颜色依次为黄、绿、红色；N线的绝缘颜色为淡蓝色；PE线的绝缘颜色为绿/黄双色。任何情况下上述颜色标记严禁混用和互相代用。

➡《1kV及以下配线工程施工与验收规范》（GB 50575—2010）中，第5.1.1条规定：

同一建筑物、构筑物的各类电线绝缘层颜色选择应一致，并应符合下列规定：

（1）保护地线（PE）应为绿、黄相间色。

（2）中性线（N）应为淡蓝色。

（3）相线应符合下列规定：①L1应为黄色；②L2应为绿色；③L3应为红色。

安全隐患7-14

插座之间电源及接地导线串联连接

隐患现象

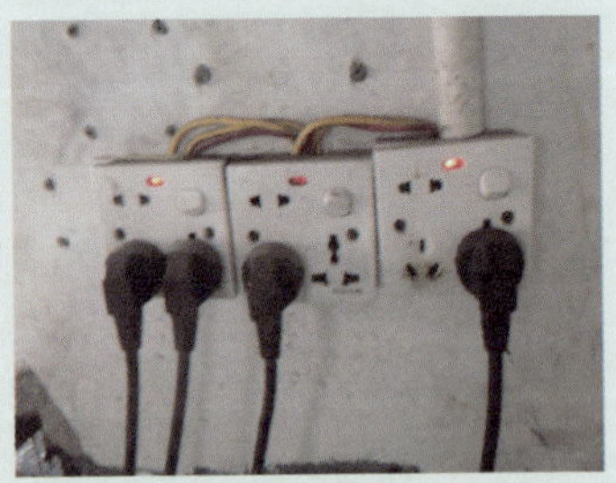

! 两个及以上插座电源线及 PE 线为串联连接

防范措施

对于插座的内部线路的安装，不能只考虑使用的方便，要严格按照《建筑电气工程施工质量验收规范》(GB 50303—2002) 中，第22.1.2条的规定：

(1) 单相两孔插座，面对插座的右孔或上孔与相线连接，左孔或下孔与零线连接；单相三孔插座，面对插座的右孔与相线连接，左孔与零线连接。

(2) 单相三孔、三相四孔及三相五孔插座的接地 (PE) 或接零 (PEN) 线接在上孔。插座的接地端子不与零线端子连接。同一场所的三相插座，接线的相序一致。

《建筑电气照明装置施工与验收规范》(GB 50617—2010) 中，第5.1.2条规定：

保护接地线 (PE) 在插座间不得串联连接。相线与中性线不得利用插座本体的接线端子转接供电。

整改结果

在插座盒的内部将电源线进行并联连接

第八章

移动插座及插头违规使用

根据《家用和类似用途 插头插座 第1部分通用要求》IEC 60884—1：2002中，第3.4条中的规定：移动式插座是指用于连接到软缆上或与软缆构成一整体且与电源连接时易于从一个地方移动到另一地方的插座。移动式插座是为了方便移动式电气设备和手持式电动工具的使用，如违规地使用就可能出现安全的隐患。

安全隐患8-1

移动插座随意性拖放使用

隐患现象

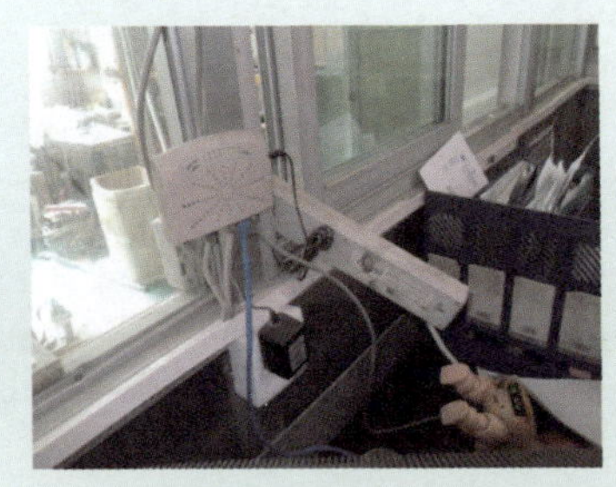

！将移动式插座随意性地放置在窗台上

！将移动式插座接力式地放置在工作架上使用

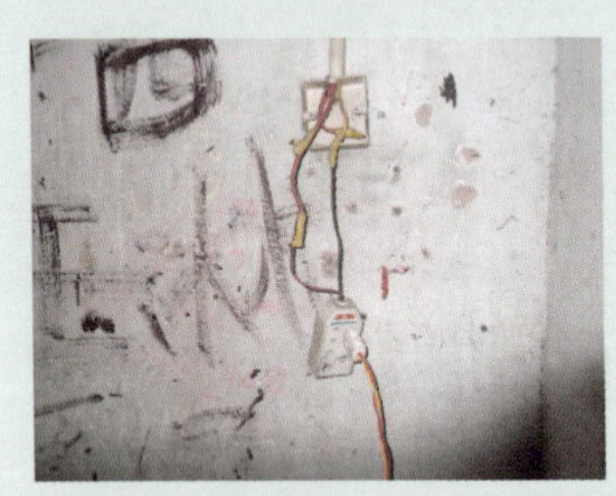

！从墙上插座盒内直接连接移动式插座

！将移动式插座随意性地放置在机器旁

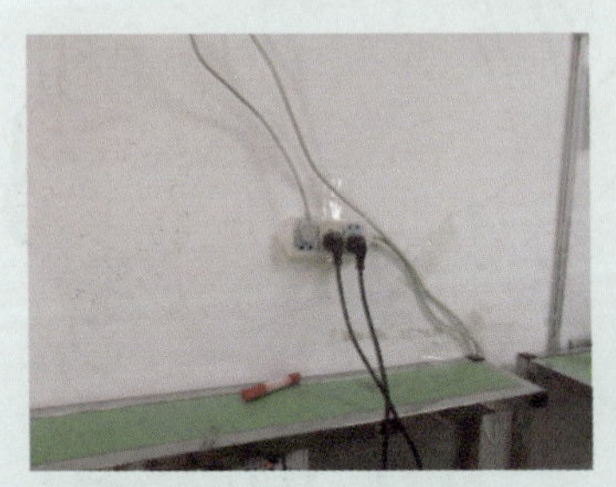

！用胶带将接移动式插座粘在墙壁上使用

！用花线随意性地将移动式插座拖拉使用

防范措施

车间内移动式插座在安装与使用时，要按照《电器附件 电线组件和互连电线组件》(GB 15934—2008）中，第4条的规定：

电线组件和互连电线组件的设计和构造应保证电线组件和互连电线组件在正常使用时性能可靠而且对用户及周围环境没有危险。

移动式插座在正常操作时，要按照《工业用插头插座和耦合器 第1部分：通用要求》(GB/T 11918—2001）中，第24.2.1条的规定：

电器附件应有足够的机械强度，在经受了正常使用过程中出现的冲击后，仍应能维持标志所示的防护等级。

整改结果

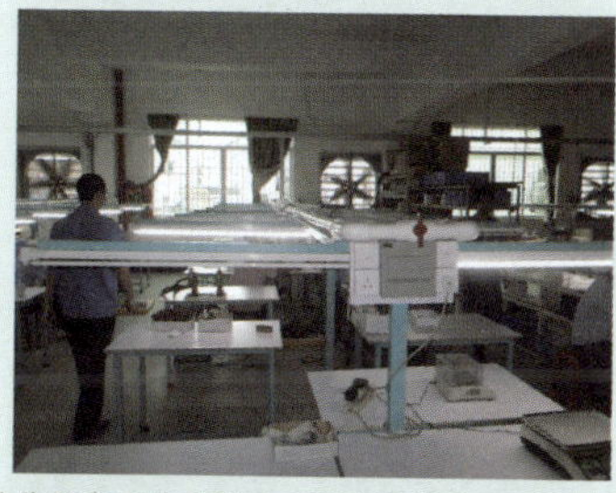

移动式插座不能放置在地面使用，要悬挂在不易碰撞及不影响操作的位置

安全隐患8-2

将移动插座放置在可燃材料上

隐患现象

! 将移动式插座放置在可燃材料上或可燃性产品上使用

防范措施

在移动式插座和插接的电器电源线放置时，不能只考虑使用上的方便，要按照《用电安全导则》（GB/T 13869—2008）中，第 6.5 条的规定：

一般环境下，用电产品以及电气线路的周围应留有足够的安全通道和工作空间，且不应堆放易燃、易爆和腐蚀性物品。

在有可燃材料的场所，如果需要安装插座，要按照《建筑设计防火规范》（GB 50016—2006）中，第 11.2.4 条的规定：

开关、插座和照明灯具靠近可燃物时，应采取隔热、散热等防火保护措施。

整改结果

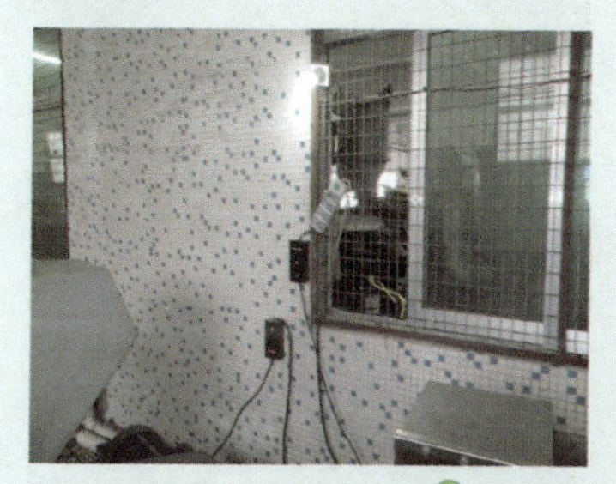
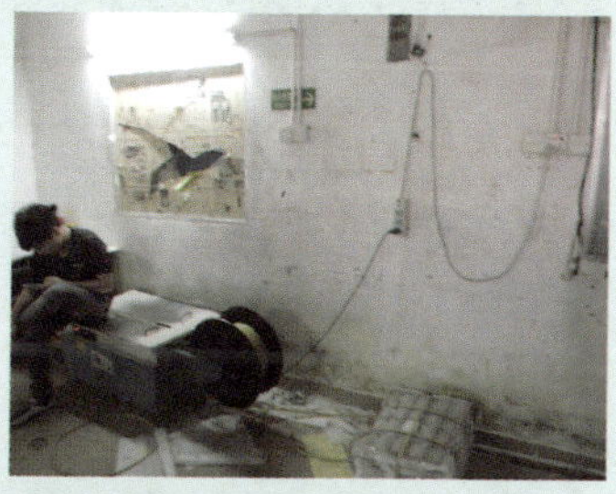

正确安防的移动式插座

安全隐患8-3

不同电压等级使用相同类型移动插座

隐患现象

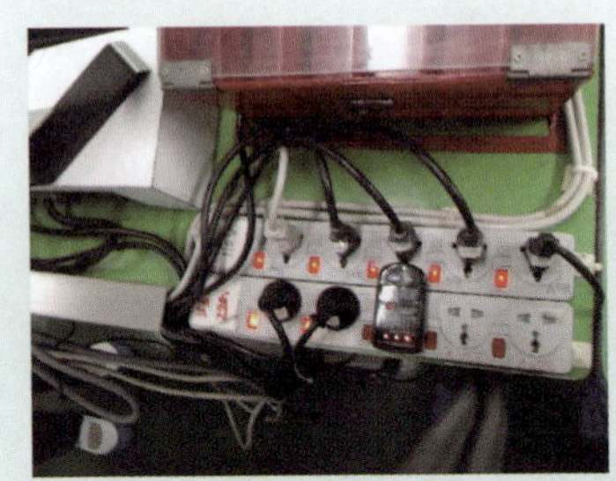

! 并排使用外形相同的移动式插座接两种电源电压，只在外壳标注了电压值

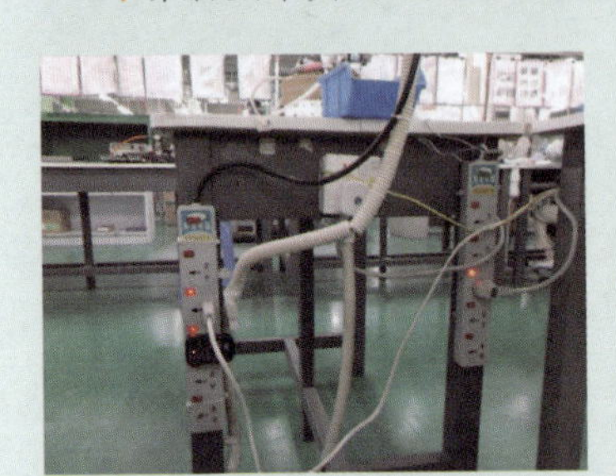
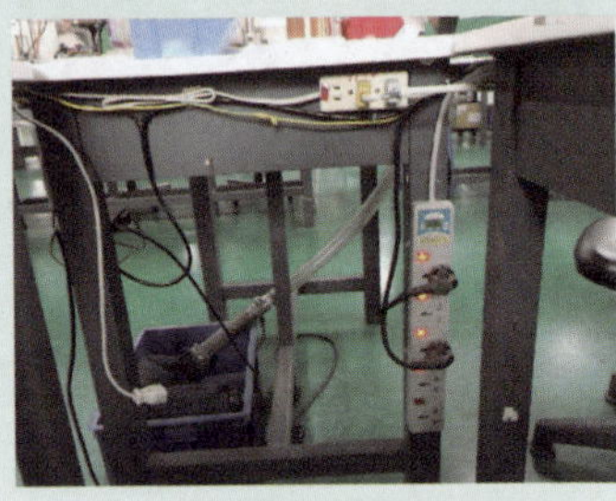

! 将无电压标注的外形相同的移动式插座并排使用

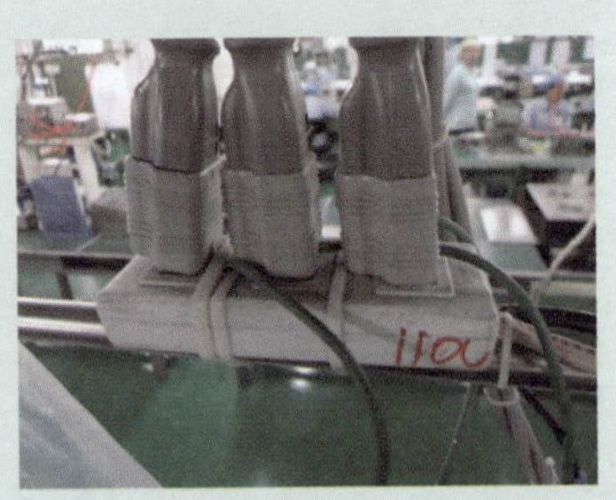

! 将有电压标注的普通型移动式插座绑扎在工作台上使用

防范措施

车间内在使用不同电压的插座时，不能使用相同型号和类型的插座，形式上要有所区别，要按照《建筑电气工程施工质量验收规范》（GB 50303—2002）中，第22.1.1条的规定：

当交流、直流或不同电压等级的插座安装在同一场所时，应有明显的区别，且必须选择不同结构、不同规格和不能互换的插座；配套的插头应按交流、直流或不同电压等级区别使用。

车间内使用不同电压的插座与插销时，要按照《电力建设安全工作规程 第3部分：变电站》（DL 5009.3—2013）中，第3.3.3.3条的规定：

不同电压的插座与插销应选用相应的结构，严禁用单相三孔插座代替三相插座。单相插座应标明电压等级。

整改结果

同一个场所使用两种电源电压的移动式插座，要选择不同类型的插座，以免因误插而损坏电气设备

安全隐患8-4

移动插座及导线摆放在地面或通道使用

隐患现象

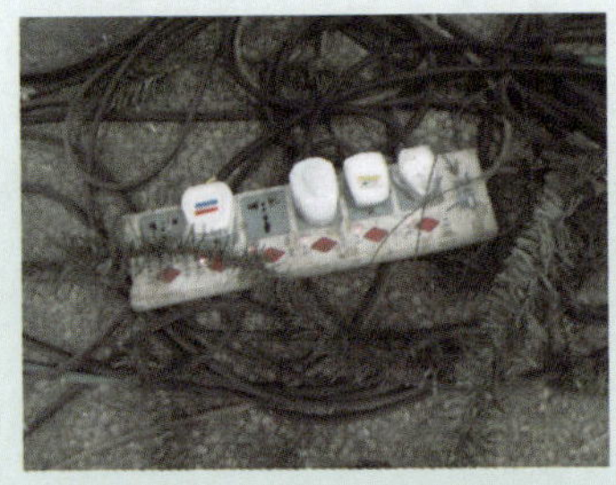

! 将移动式插座放置地面的电缆线上使用

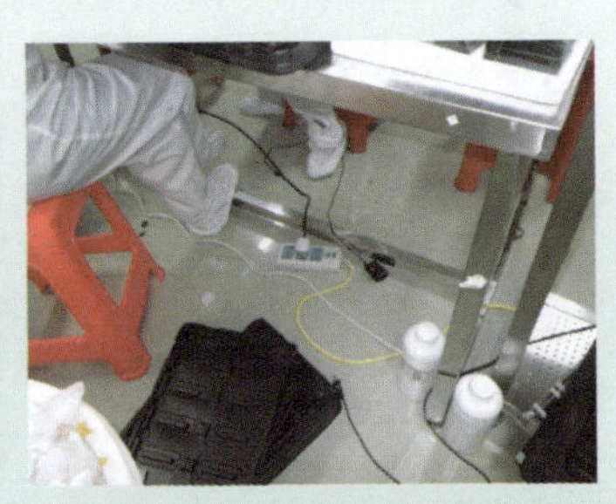

! 将移动式插座放置员工脚边的地面上

! 将移动式插座放置在办公区域通道地面上

! 将移动式插座放置在车间门口通道地面上

! 将移动式插座放在车间通道地上使用

! 将移动式插座放置在工位通道地面上使用

防范措施

➡ 室内使用的橡套软电缆线，不能拖放在地面使用，要按照《电业安全工作规程 第1部分：热力和机械》（GB 26164.1—2010）中，第3.5.6条的规定：

敷设临时低压电源线路，应使用绝缘导线。架空高度室内应大于2.5m，室外应大于4m，跨越道路应大于6m。严禁将导线缠绕在护栏、管道及脚手架上。

➡ 在车间内临时使用移动式插座，使用橡套软电缆线时，要按照《用电安全导则》（GB/T 13869—2008）中，第6.5条的规定：

一般环境下，用电产品以及电气线路的周围应留有足够的安全通道和工作空间，且不应堆放易燃、易爆和腐蚀性。

➡ 在临时施工场地电源线路的敷设，要按照《建设工程施工现场供用电安全规范》（GB 50194—1993）中，第5.4.9条的规定：

移动式电动工具和手持式电动工具的电源线，必须采用铜芯多股橡套软电缆或聚氯乙烯绝缘聚氯乙烯护套软电缆。电缆应避开热源，且不得拖拉在地上。当不能满足上述要求时，应采取防止重物压坏电缆等措施。

整改结果

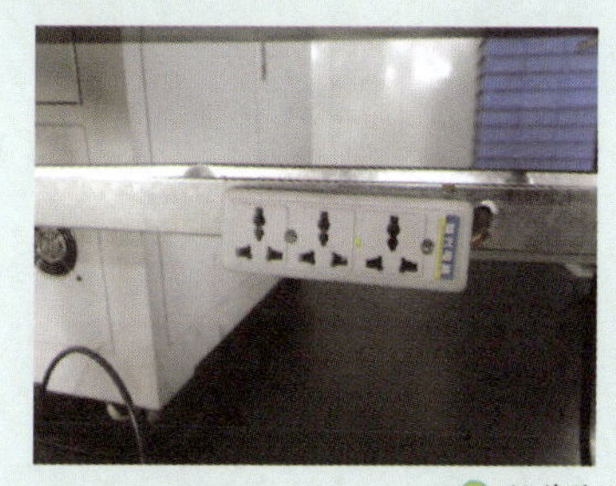

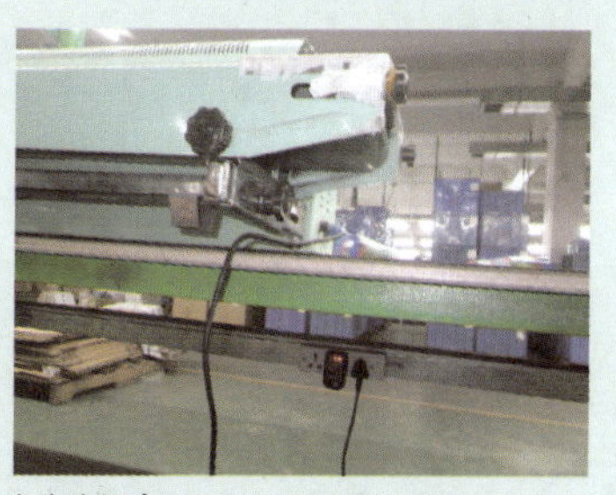

规范使用的移动插座

安全隐患8-5

插头破损后继续使用

隐患现象

！插头破损后用胶带缠绕后继续使用

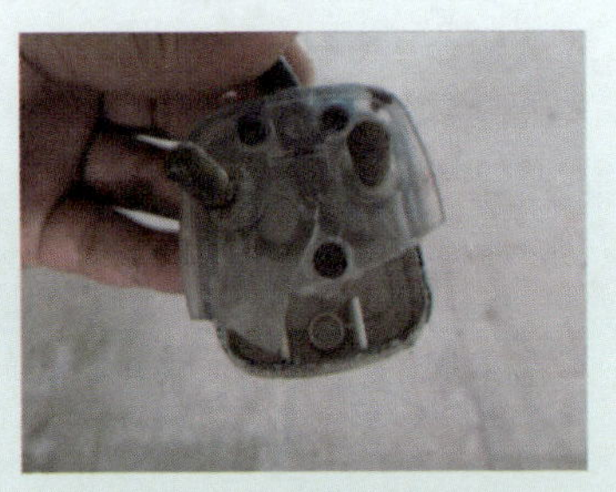

！插头接地桩头摔断后继续使用

！插头的上盖摔破后继续使用

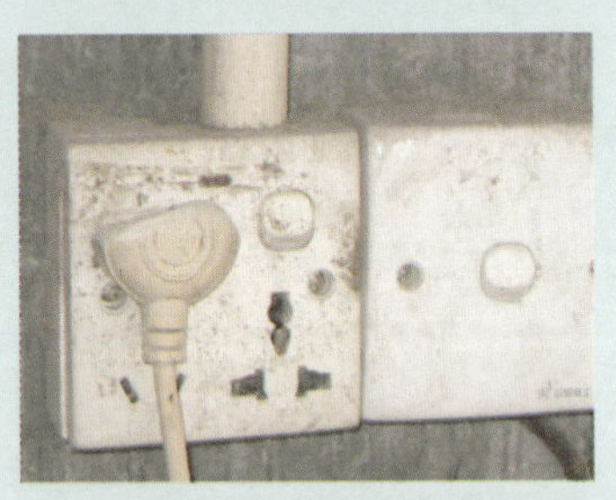

！违规将插头接地端子打磨掉后使用

！插头的上盖摔破后用纸壳包住后使用

！插头摔破分离后用胶带全包裹再继续使用

防范措施

对于已经有破损的插头，要按照《工业用插头插座和耦合器 第1部分：通用要求》（GB/T 11918—2001）中的规定：

9.1 电器附件的设计应能保证当插座和连接器按正常使用要求接线时，其带电部件是不易触及的，此外还应保证当插头和器具输入插座与配套电器附件部分或完全插合时其带电部件是不易触及的。此外，应不可能在任何触头处于易触及状态时使插头或器具输入插座的插销与插座或连接器的插套之间进行接触。

15.4：用以提供防触电保护的外壳和插座的部件应有足够的机械强度，并应牢固地固定，做到正常使用时不会松脱。不用工具应无法将这些部件卸下。

24.2.1：电器附件应有足够的机械强度，在经受了正常使用过程中出现的冲击后，仍应能维持标志所示的防护等级。

25.4：用作电气连接和机械连接的螺钉和铆钉应锁紧，以防松脱。

《电业安全工作规程 第1部分：热力和机械》（GB 26164.1—2010）中，第3.5.5条规定：

电源开关外壳和电线绝缘有破损不完整或带电部分外露时，应立即找电气人员修好，否则不准使用。不准使用破损的电源插头插座。

《建设工程施工现场供用电安全规范》（GB 50194—2014）中，第5.3.5条规定：插销和插座必须配套使用。Ⅰ类电气设备应选用可接保护线的三孔插座，其保护端子应与保护地线或保护零线连接。

整改结果

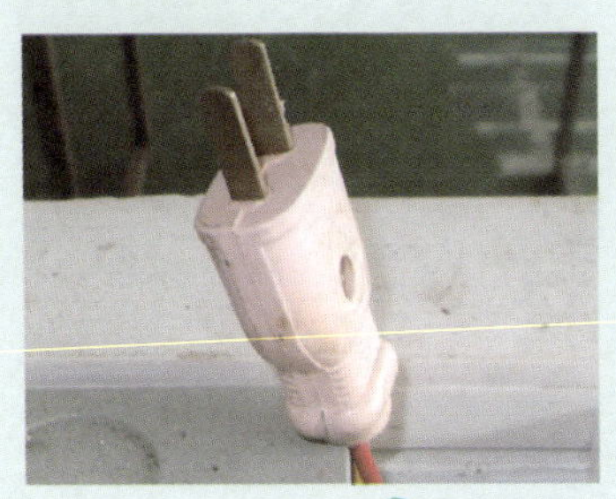

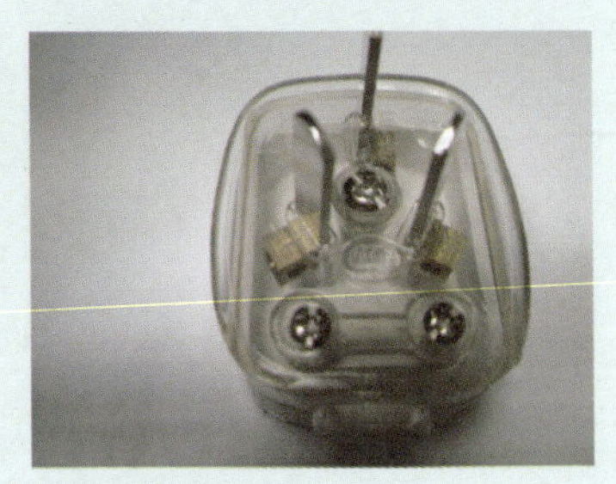

要使用完好无损的插头进行安装

安全隐患8-6

用导线直接插入插座连接电源

隐患现象

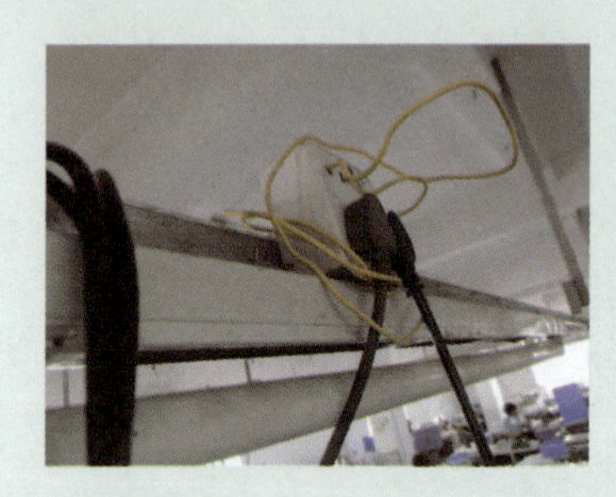

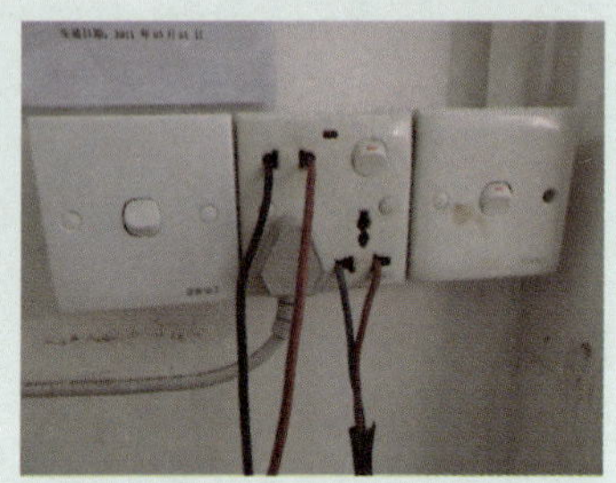

！违规将导线直接插入到插座内连接电源使用

防范措施

在实际工作中，一时找不到合适的插头，要严格地按照《电力建设安全工作规程》（火力发电厂部分）（DL 5009.1—2002）中，第 6.3.4 条的规定：

严禁将电线直接勾挂在闸刀上或直接插入插座内使用。

插头不得用导线进行直接接线，而要使用插头进行电源的连接。《工业用插头插座和耦合器 第 1 部分：通用要求》（GB/T 11918—2001）中，第 1 5.1 条规定：

插套应设计成与对应插头完全插合时具有足够的接触压力。

整改结果

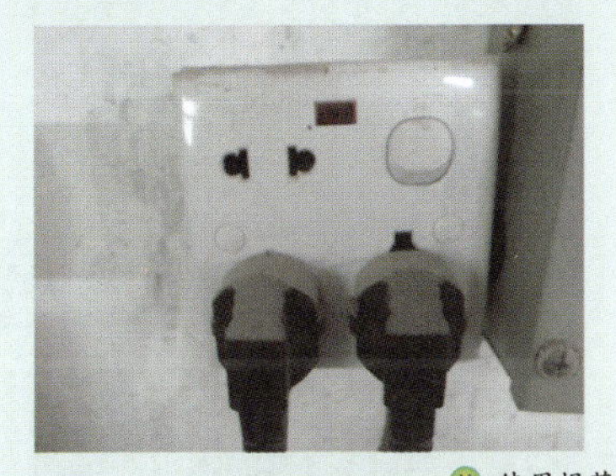

使用规范的插头连接

安全隐患8-7

一个插头连接多个电器电源导线

隐患现象

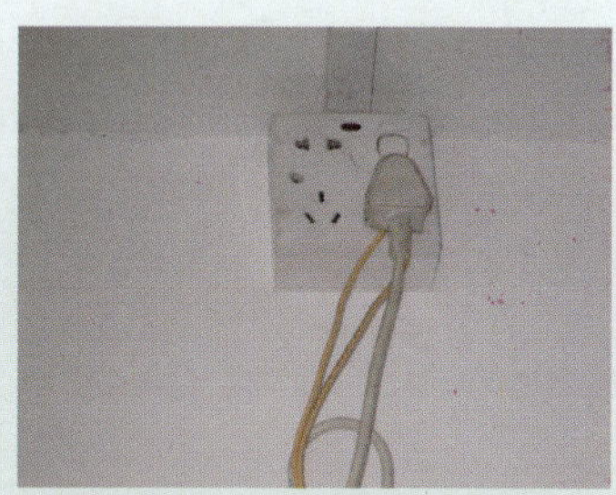

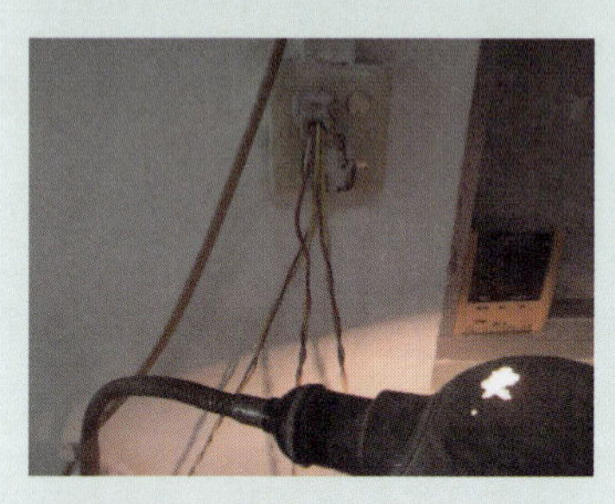

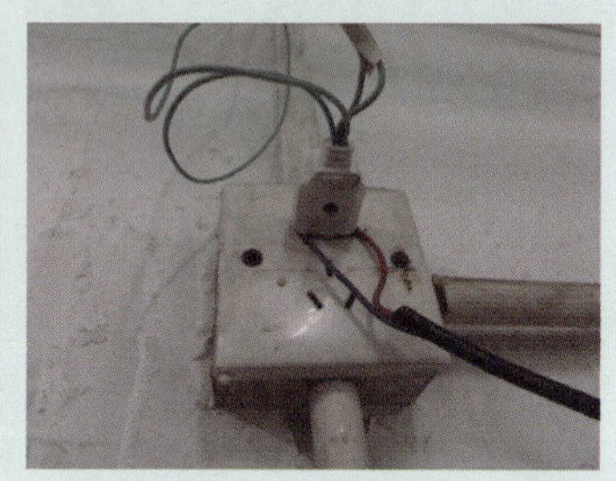

！违规在插头上用导线套接

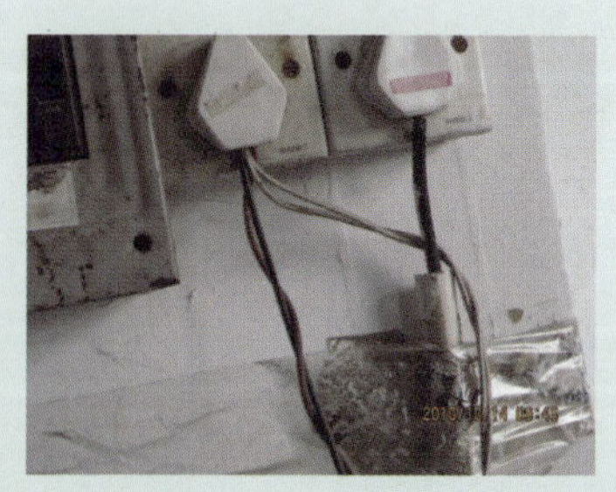

！在一个插头内连接两台电气设备

防范措施

插座上一个插头不得连接多个电器的电源插头，要保证一座一插。插头上电源线的连接，要按照《工业用插头插座和耦合器 第1部分：通用要求》（GB/T 11918—2001）中的规定：

16.10：插头和连接器不得有允许多于一个电缆组件连接的专用器件。插头不得有允许将插头与多于一个连接器或插座连接的专用器件。连接器不得有允许连接多于一个插头或器具输入插座的专用器件。

23.1：插头和连接器应装配电缆固定部件，使导线在其连接到端子或端头之处不受包括绞拧在内的应力，并使导线的护层受到保护而不被磨损。

电缆固定部件的设计应能保证电缆不会触及易触及金属部件，或电气上与易触及金属部件连接的内部金属部件，例如，电缆固定部件螺钉，但若易触及金属部件连接到内部接地端子者除外。

整改结果

规范的插座和插头

安全隐患8-8

三孔插头电缆不连接电线PE线

隐患现象

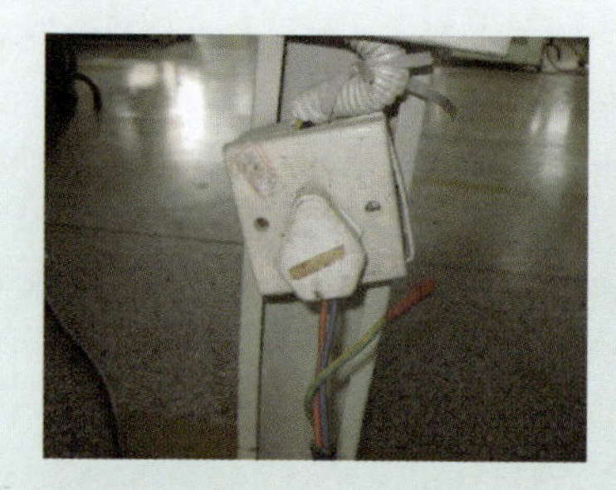

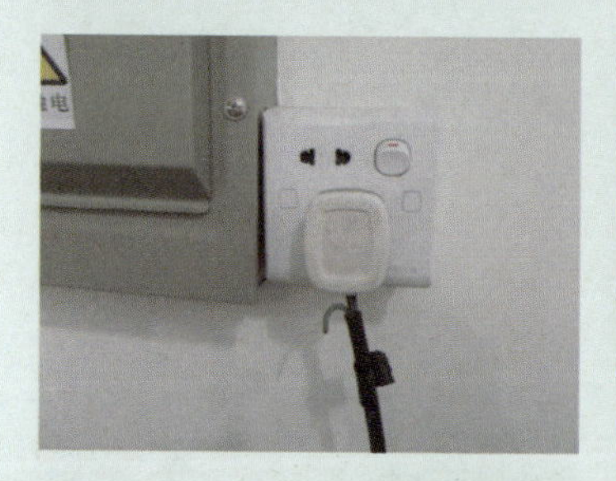

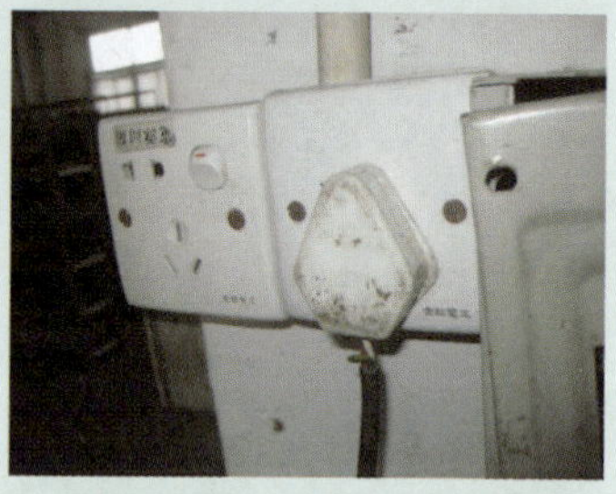

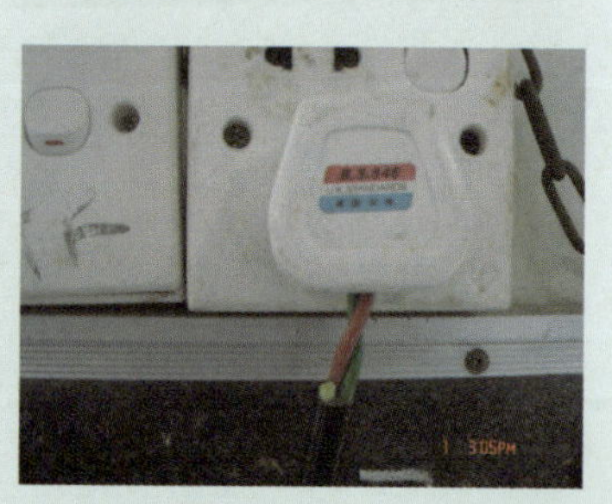

! 单相三孔插头违规不连接接地线或将软电缆的接地线剪断

防范措施

对于单相三孔插头的电源线连接，一定要将插头的接零保护插销端子，连接到软电缆线的接零保护线（PE）上。要按照《用电安全导则》（GB/T 13869—2008）中，第6.16条的规定：

插头与插座应按规定正确接线，插座的保护接地极在任何情况下都应单独与保护接地线可靠连接，不得在插头（座）内将保护接地极与工作中性线连接在一起。

《建设工程施工现场供用电安全规范》（GB 50194—2014）中，第5.3.5条规定：

插销和插座必须配套使用。Ⅰ类电气设备应选用可接保护线的三孔插座，其保护端子应与保护地线或保护零线连接。

单相三孔插头的软电缆线连接时，要按照《工业用插头插座和耦合器第1部分：通用要求》（GB/T 11918—2001）中，第9.2条的规定：带接地触头的电器附件应设计成插入插头或连接器时，如有中线，应在相线及中线接通之前先接通地线；拔出插头或连接器时，如有中线，应在接地线断开之前先断开相线及中线。

整改结果

规范使用的单相三孔插头

：单相三孔插头要使用三芯软电缆线连接，或采用与软电缆线一次成型的插头，以保证电气设备的可靠接地。

安全隐患8-9

三孔插头连接二根电源导线

隐患现象

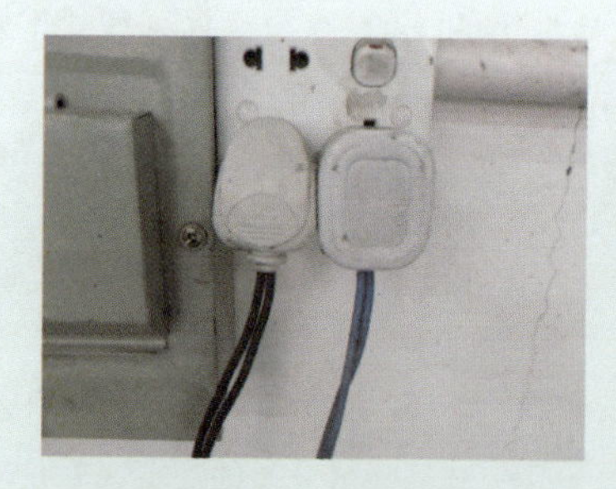

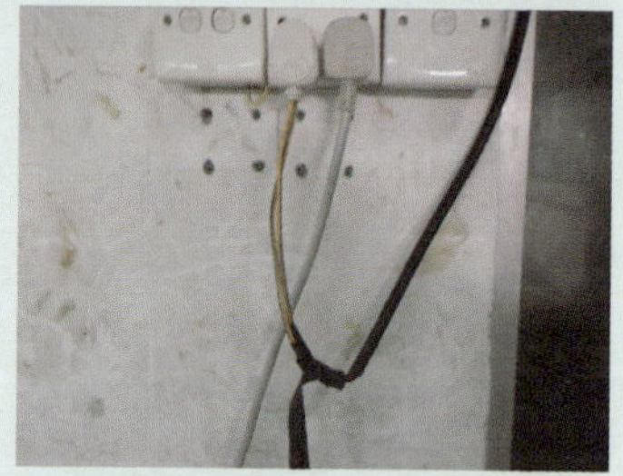

！违规用两根塑料导线连接三孔插头，未连接接地线

防范措施

按照《施工现场机械设备检查技术规程》（JGJ 160—2008）中，第3.3.6条的规定：

动力设备及低压配电装置的负荷线应按计算负荷选用无接头的橡皮护套铜芯软电缆。电缆的芯线数应根据负荷及其控制电器的相数和线数确定：三相四线时，应选用五芯电缆；三相三线时，应选用四芯电缆；当三相用电设备中配置有单相用电器具时，应选用五芯电缆；单相二线时，应选用三芯电缆。电缆芯线应符合国家现行标准《施工现场临时用电安全技术规范》(JGJ 46）的有关规定，其中PE线应采用绿/黄双色绝缘导线。

《工业用插头插座和耦合器 第1部分：通用要求》（GB/T 11918—2001）中，第23.2.1条规定：

电器附件应装配符合表8-1规定的其中一种软电缆，且这些电缆的标称横截面积不得小于表8-1中的规定值。

表8-1　　电缆型号及标称横截面积

优选额定电流 A		电缆型号	标称横截面积
系列Ⅰ	系列Ⅱ		
16	20	245 IEC 53[1)]、57[2)]、66	2.5[1)]
32	30	245 IEC 53[2)]、66	6
63	60	245 IEC 66	16
125	100	245 IEC 66[3)]	50
250	200	245 IEC 66[4)]	150

1）若为额定工作电压不超过50V的电器附件，此值应增至4。

2）不适用于额定工作电压超过415V的电器附件。

3）仅适用于3P+⏚④或2P+N+⏚和2P+⏚或lP+N+⏚。

4）仅适用于3P+⏚。或217+N+⏚。

整改结果

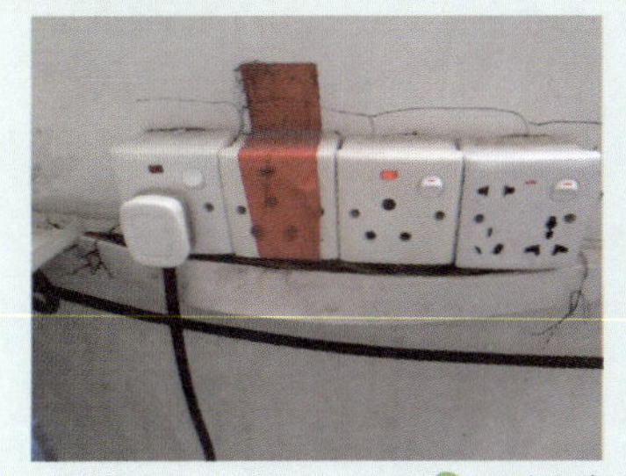

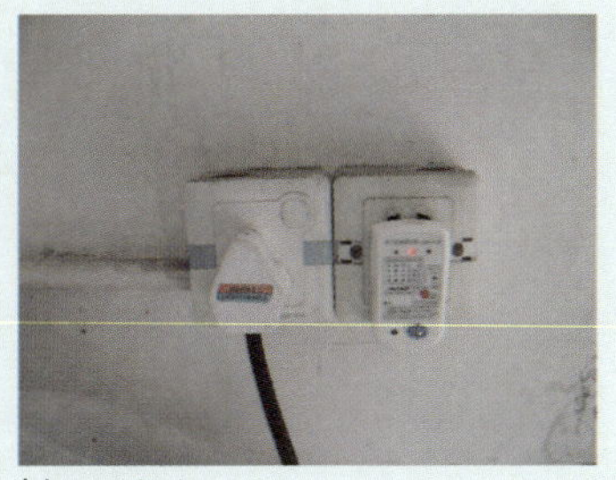

规范安装的单相三孔插头

：单相三孔插头不得采用二根导线连接，要使用三芯软电缆线连接，或采用与软电缆线一次成型的插头，以保证电气设备的可靠接地。

第九章

易燃易爆场所违规安装

工厂企业的易燃易爆场所，是指在工厂企业生产、加工、运输和存贮的过程中，会产生可燃性或可爆性气体和粉尘的场所。这类场所电气设备和线路的安装和使用有其特殊的要求，违规安装和使用就有可能出现安全的隐患。

安全隐患9-1

易燃易爆场所安装非防爆照明灯具

隐患现象

！防爆灯具下并排安装普通日光灯

！电源导线进入防爆灯具采用常规敷设

！消防应急灯具电源插座采用常规安装

！防爆灯具与普通灯具混合安装

！防爆灯具电源线用塑料导线直接穿入

！防爆灯具电源导线接口用胶带进行封闭

防范措施

➡ 防火防爆的场所，必须要安装防爆的灯具，要按照《建筑电气工程施工质量验收规范》（GB 50303—2002）中，第20.2.4条的规定：

（1）灯具及开关的外壳完整，无损伤、无凹陷或沟槽，灯罩无裂纹，金属护网无扭曲变形，防爆标志清晰。

（2）灯具及开关的紧固螺栓无松动、锈蚀，密封垫圈完好。

➡ 照明灯具的安装，要按照《建筑电气照明装置施工与验收规范》（GB 50617—2010）中，第4.3.11条的规定：

（1）检查灯具的防爆标志、外壳防护等级和温度组别应与爆炸危险环境相适应；

（2）灯具的外壳应完整，无损伤、凹陷变形、灯罩无裂纹。金属护网无扭曲变形，防爆标志清晰；

（3）灯具的紧固螺栓应无松动、锈蚀现象，密封垫圈完好；

（4）灯具附件应齐全，不得使用非防爆零件代替防爆灯具配件；

（5）灯具的安装位置应离开释放源，且不得在各种管道的泄压口及排放口上方或下方；

（6）导管与防爆灯具、接线盒之间连接应紧密，密封完好；螺纹啮合扣数应不少于5扣，并应在螺纹上涂以电力复合酯或导电性防锈酯。

➡《危险场所电气防爆安全规范》（AQ 3009—2007）中，第7.1.3.1.11条规定：

检查防爆照明灯具是否按规定保持其防爆结构及保护罩的完整性，检查灯具表面温度不得超过产品规定值，检查灯具的光源功率和型号是否与灯具标志相符，灯具安装位置是否与说明规定相符。

整改结果

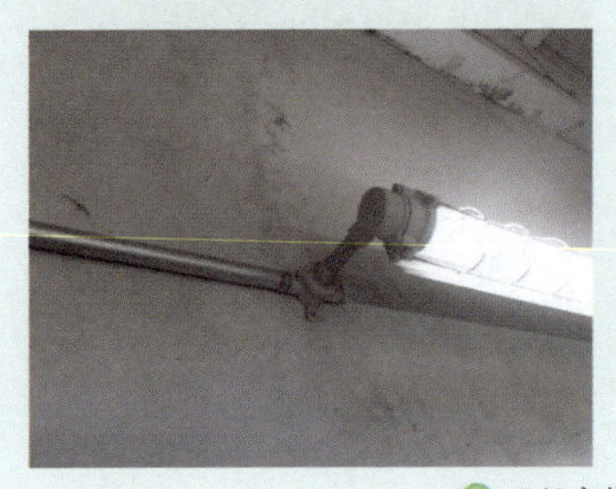

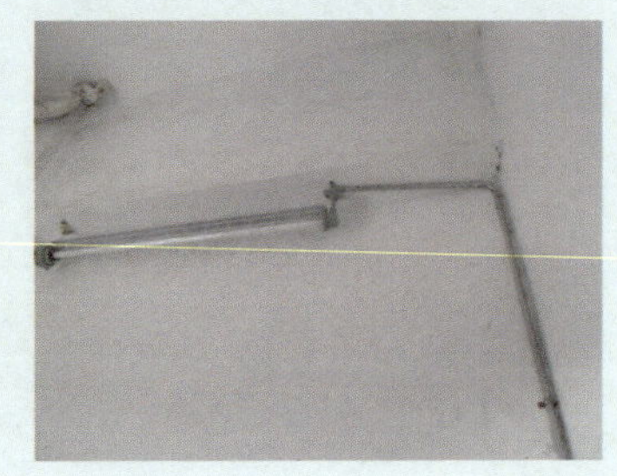

正规安装的防爆灯具

安全隐患9-2

易燃易爆场所安装非防爆电器

隐患现象

！喷漆间绑扎使用普通移动式插座

！易燃易爆场所安装常规启动开关

！易燃易爆场所安装常规电风扇

！喷漆间安装电气控制箱及线路

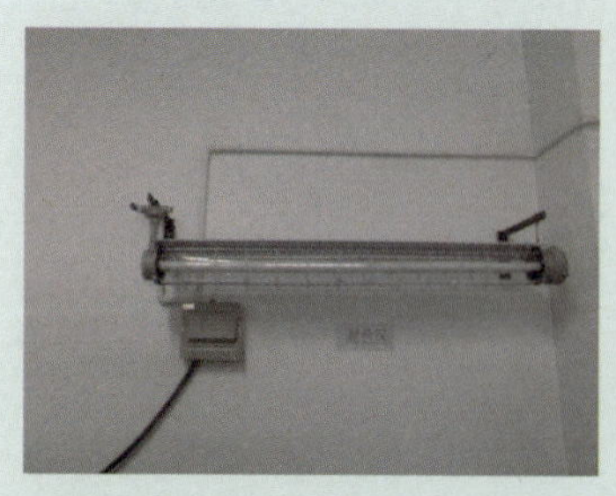

！易燃易爆场所安装常规开关箱及线路

！防爆开关与常规开关混合安装

防范措施

《电气装置安装工程　爆炸和火灾危险环境电气装置施工及验收规范》(GB 50257—2014）中的规定：

2.2.5：隔爆型插销的检查和安装，应符合下列要求：

(1) 插头插入时，接地或接零触头应先接通；插头拔出时，主触头应先分断。

(2) 开关应在插头插入后才能闭合，开关在分断位置时，插头应插入或拔脱。

(3) 防止骤然拔脱的徐动装置，应完好可靠，不得松脱。

3.1.1.1：电气线路，应在爆炸危险性较小的环境或远离释放源的地方敷设。

电气设备的安装，要按照《电力建设安全工作规程》（火力发电厂部分）(DL 5009.1—2002）中，第6.3.10条的规定：

在有爆炸危险的场所及危险品仓库内应采用防爆型电气设备和照明灯具，开关必须装在室外。在散发大量蒸汽、气体和粉尘的场所，应采用密闭型电气设备。在坑井、沟道、沉箱内及独立的高层构筑物上，应备有独立电源的照明。

《建筑电气工程施工质量验收规范》(GB 50303—2002）中，第14.2.8条规定：

防爆导管敷设应符合下列规定：

(1) 导管间及与灯具、开关、线盒等的螺纹连接处紧密牢固，除设计有特殊要求外，连接处不跨接接地线，在螺纹上涂以电力复合酯或导电性防锈酯；

(2) 安装牢固顺直，镀锌层锈蚀或剥落处做防腐处理。

整改结果

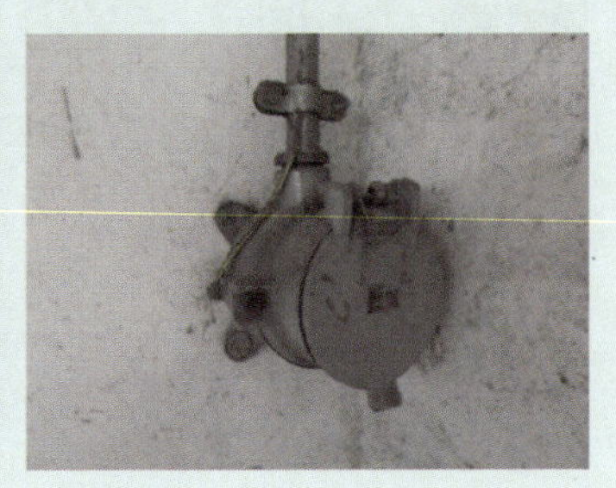

防爆电器的正规安装方式

安全隐患9-3

喷漆防爆场所使用普通密封式电动机

隐患现象

！喷漆的防火防爆场所采用常规的轴流风机或排风扇进行排通风

防范措施

防火防爆场所安装的通风电动机，要按照《电气装置安装工程 爆炸和火灾危险环境电气装置施工及验收规范》（GB 50257—2014）中，第2.1.2条的规定：防爆电气设备应有“EX”标志和标明防爆电气设备的类型、级别、组别的标志的铭牌，并在铭牌上标明国家指定的检验单位发给的防爆合格证号。

《建设工程施工现场供用电安全规范》(GB 50194—2014）中，第6.1.6条的规定：电气设备正常不带电的外露导电部分，必须接地或接零。保护零线不得随意断开；当需要断开时，应采取安全措施，工作完结后应立即恢复。

在火灾和爆炸的危险环境内，安装固定防爆的灯具时，要按照《电气装置安装工程 爆炸和火灾危险环境电气装置施工及验收规范》（GB 50257—2014）中，第2.1.3条的规定：防爆电气设备宜安装在金属制作的支架上，支架应牢固，有振动的电气设备的固定螺栓应有防松装置。

要按照《电力建设安全工作规程第3部分：变电站》（DL 5009.3—2013）中，第3.3.4.11条的规定：在有爆炸危险场所的电气设备，其正常不带电的金属部分，均必须可靠地接地或接零。

要按照《电气装置安装工程 爆炸和火灾危险环境电气装置施工及验收规范》(GB 50257—2014）中，第3.3.6条的规定：

钢管配线应在下列各处装设防爆挠性连接管：①电机的进线口；②钢管与电气设备直接连接有困难处；③管路通过建筑物的伸缩缝、沉降缝处。

整改结果

正规带防爆标志的防爆排风机

安全隐患9-4

防爆与非防爆电器或线路混合安装

隐患现象

！在防火防爆场所内将防爆电器与非防爆电器及线路混合进行违规安装

防范措施

在火灾和爆炸的危险环境，电源的电气线路敷设时，要按照《危险场所电气防爆安全规范》（AQ 3009—2007）中，第6.1.1.1.1条的规定：

电气线路应敷设在爆炸危险性较小的区域或距离释放源较远的位置，避开易受机械损伤、振动、腐蚀、粉尘积聚以及有危险温度的场所。当不能避开时，应采取预防措施。

在火灾和爆炸的危险环境，防爆电气设备的进线口与导线的安装时，要按照《电气装置安装工程 爆炸和火灾危险环境电气装置施工及验收规范》（GB 50257—2014）中，第2.1.5条的规定：

防爆电气设备的进线口与电缆、导线应能可靠地接线和密封，多余的进线口其弹性密封垫和金属垫片应齐全，并应将压紧螺母拧紧使进线口密封。金属垫片的厚度不得小于2mm。

在火灾和爆炸的危险环境，对于能产生火花的开关类型的电器，要按照《电气装置安装工程　爆炸和火灾危险环境电气装置施工及验收规范》（GB 50257—2014）中，第2.2.4条的规定：

正常运行时产生火花或电弧的隔爆型电气设备，其电气联锁装置必须可靠；当电源接通时壳盖不应打开，而壳盖打开后电源不应接通。用螺栓紧固的外壳应检查“断电后开盖”警告牌，并应完好。

整改结果

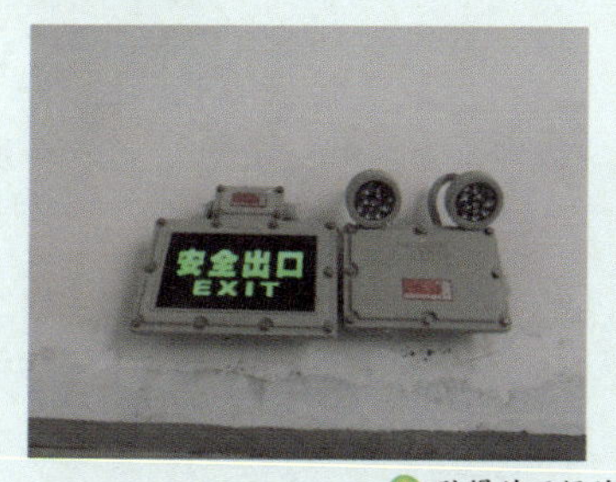

防爆的正规的电器及线路安装

安全隐患9-5

喷漆处排气扇电动机长期不清理

隐患现象

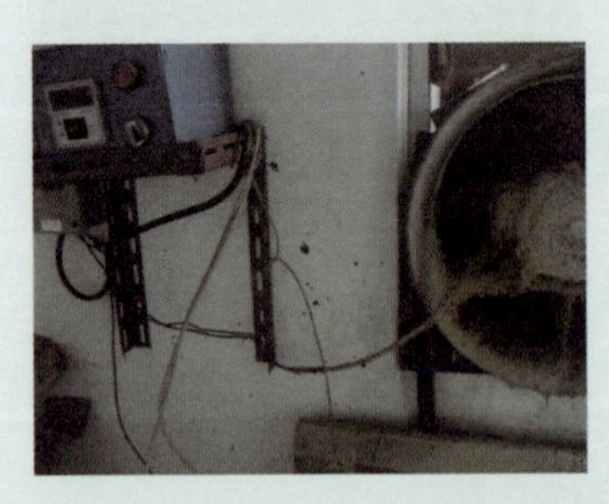

! 长期不清理的喷漆处排气扇电动机

防范措施

➡ 在有火灾和爆炸的危险环境，电气设备的温升，要按照《危险场所电气防爆安全规范》（AQ 3009—2007）中，第 7.1.3.1.3 条的规定：设备运行时应具有良好的通风散热条件，检查外壳表面温度不得超过产品规定的最高温度和温升的规定。

➡ 在有火灾和爆炸的危险环境，电气设备要按照《危险场所电气防爆安全规范》（AQ 3009—2007）中，第 7.1.3.1.2 条的规定：防爆电气设备应保持其外壳及环境的清洁，清除有碍设备安全运行的杂物和易燃物品，应指定化验分析人员经常检测设备周围爆炸性混合物的浓度。

➡ 在有火灾和爆炸的危险环境，防爆电气设备外壳表面的最高温度，要按照《电气装置安装工程　爆炸和火灾危险环境电气装置施工及验收规范》（GB 50257—2014）中，第 2.1.6 条的规定：防爆电气设备外壳表面的最高温度（增安型和无火花型包括设备内部），不应超过表 9-1 的规定。

表 9-1　　防爆电气设备外壳表面的最高温度

温度组别	T_1	T_2	T_3	T_4	T_5	T_6
最高温度（℃）	450	300	200	135	100	85

注　表中 T_1～T_6 的温度组别应符合现行国家标准《爆炸性环境用防爆电气设备通用要求》的有关规定，该标准是将爆炸性气体混合物按引燃温度分为 6 组，电气设备的温度组别与气体的分组是相适应的。

整改结果

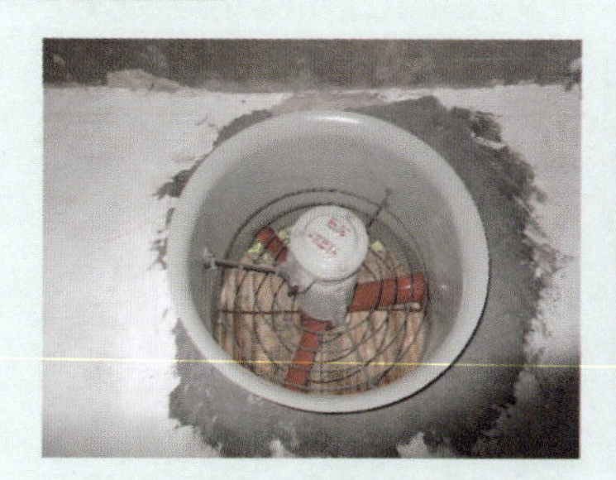

清理干净的排气扇电动机

：喷漆处排气扇电动机要定期进行清理，保持新安装时的状态。

安全隐患9-6

易燃易爆场所可燃气体报警控制器违规安装

隐患现象

！将可燃气体浓度报警装置的探头安装过高

！将可燃气体浓度报警装置的控制器安装过高

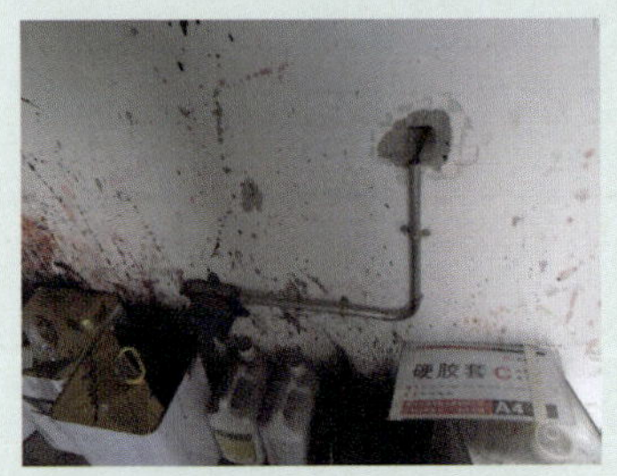

！报警装置的探头线路防爆安装不规范

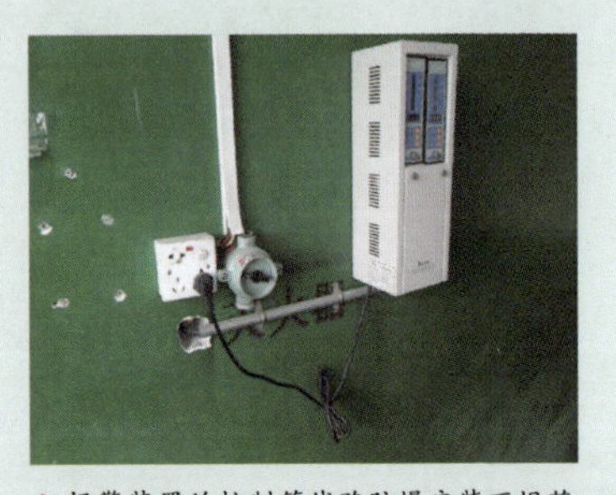

！报警装置的控制箱线路防爆安装不规范

！报警装置的探头线路采用常规导管敷设

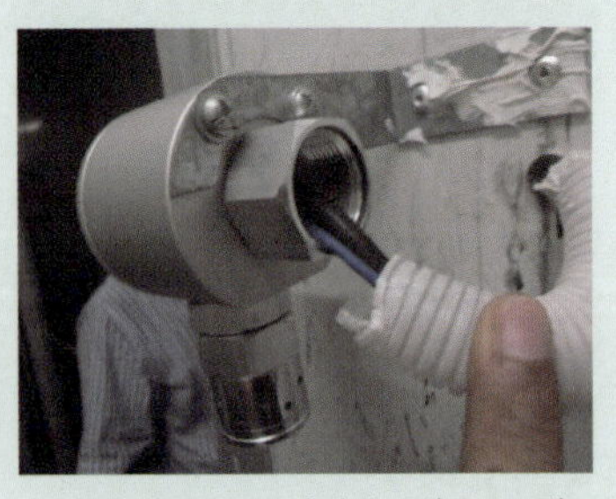

！报警装置的探头导管采用普通波纹管

防范措施

在存放易燃易爆的危险化学品的中间仓库，安装的可燃气体报警控制器，在发出可燃气体报警时，要将报警信号送到有人值班的位置，要按照《可燃气体报警控制器》(GB 16808—2008) 中，第 4.1.3.4 条的规定：

控制器在可燃气体报警状态下应至少有两组控制输出。

在存放易燃易爆的危险化学品的中间仓库，安装的可燃气体报警控制器，要按照《可燃气体报警控制器》(GB 16808—2008) 中，第 4.1.3.2 条的规定：

控制器应能直接或间接地接收来自可燃气体探测器及其他报警触发器件的报警信号，发出可燃气体报警声、光信号，指示报警部位，记录报警时间，并保持至手动复位。

在存放易燃易爆的危险化学品的中间仓库，安装的可燃气体报警控制器，要按照《可燃气体报警控制器》(GB 16808—2008) 中，第 4.1.3.3 条的规定：

当有可燃气体报警信号输入时，控制器应在 10s 内发出报警声、光信号。对来自可燃气体探测器的报警信号可设置报警延时，其最大延时时间不应超过 1min，延时期间应有延时光指示，延时设置信息应能通过本机操作查询。

整改结果

可燃气体浓度报警装置的正确安装方式

安全隐患9-7

烘干设备无漏电及线路防护

隐患现象

！烘干箱未安装剩余电流动作保护装置

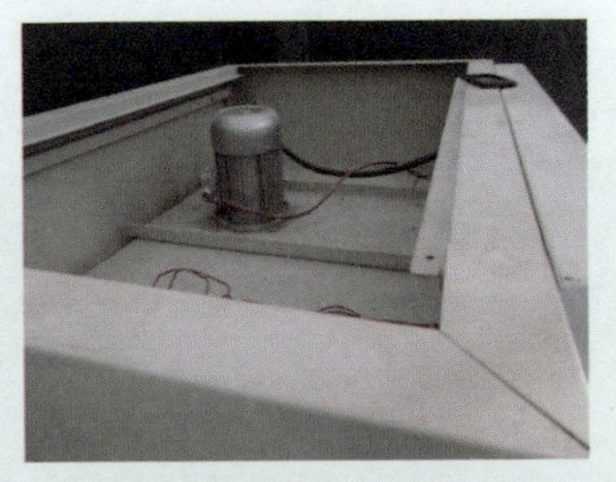

！烘干箱上电路导线未套管防护

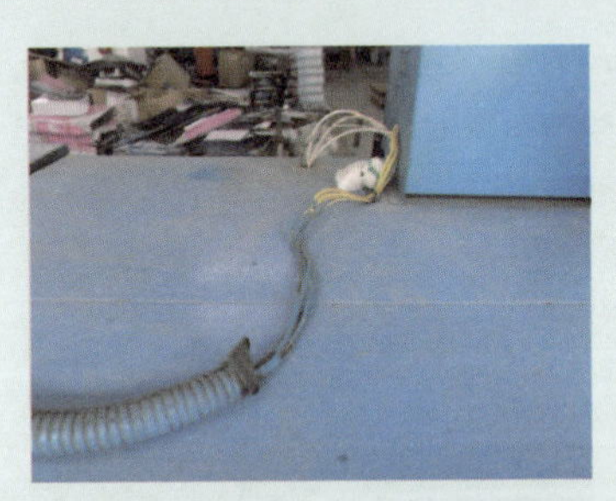

！烘干设备金属软管敷设长度不足

！烘干设备金属软管延伸接脱

！烘干设备金属软管损坏后未及时更换

！烘干设备电源导线未套管防护乱敷设

防范措施

➡ 电气设备上的电源线路敷设导管时，要按照《1kV 及以下配线工程施工与验收规范》(GB 50575—2010) 中，第 3.0.12 条的规定：

配线工程用的塑料绝缘导管、塑料线槽及其配件必须由阻燃材料制成，导管和线槽表面应有明显的阻燃标识和制造厂厂标。

➡ 在电气设备电源线路的敷设，在敷设时要考虑使用的环境，要按照《用电安全导则》(GB/T 13869—2008) 中，第 6.2 条的规定：

用电产品应该按照制造商提供的使用环境条件进行安装，如果不能满足制造商的环境要求，应该采取附加的安装措施，例如，为用电产品提供防止外来机械应力、电应力，以及热效应的防护。

➡ 在电气设备电源线路的敷设时，要按照《电气装置安装工程　爆炸和火灾危险环境电气装置施工及验收规范》(GB 50257—2014) 中，第 3.1.2 条的规定：

敷设电气线路时宜避开可能受到机械损伤、振动、腐蚀以及可能受热的地方；当不能避开时，应采取预防措施。

➡《施工现场机械设备检查技术规程》(JGJ 160—2008) 中，第 3.3.12 条规定：

开关箱中必须安装漏电保护器，且应装设在靠近负荷的一侧，额定漏电动作电流不应大于 30mA，额定漏电动作时间不应大于 0.1s；潮湿或腐蚀场所应采用防溅型产品，其额定漏电动作电流不应大于 15mA，额定漏电动作时间不应大于 0.1s。

整改结果

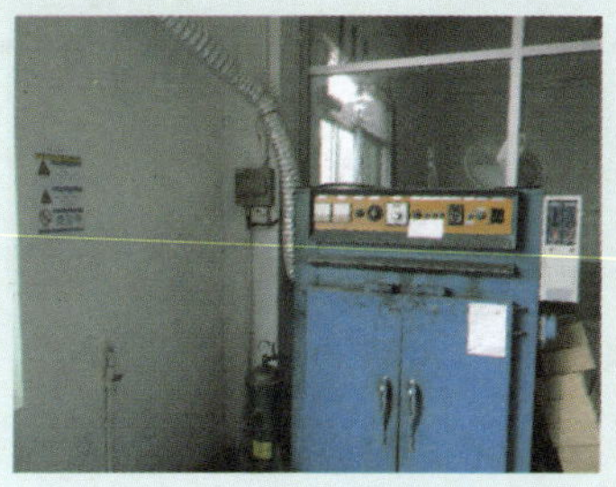

烘干设备电气控制系统线路集中安装和内安装

安全隐患9-8

烘干设备无超温、气体浓度报警及排气管

隐患现象

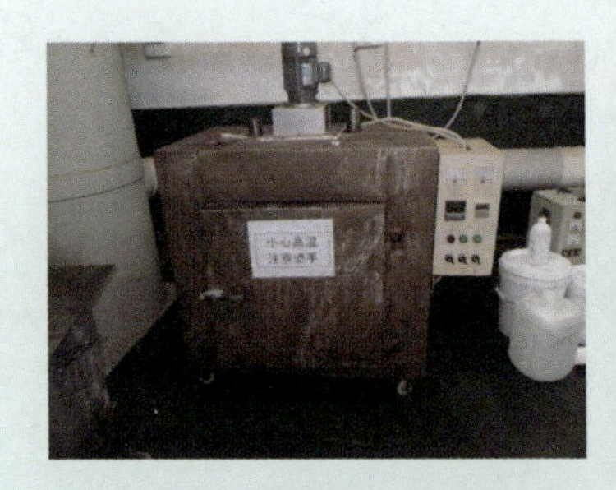

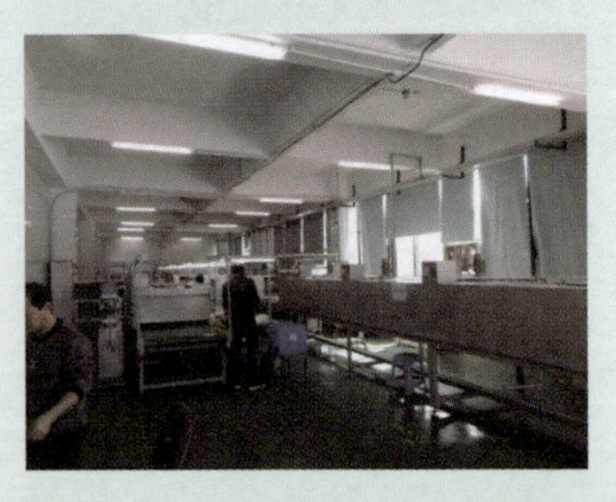

！烘干箱及烘干设备未安装超温、气体浓度报警及排气管，无规范的防烫伤安全警示标志

防范措施

在使用烘烤箱时，车间内烘烤箱的排气孔，要安装将可燃性气体排除到室外的管道，要按照《爆炸危险环境电力装置设计规范》（GB 50058—2014）中，第2.1.3条的规定：

在爆炸性气体环境中应采取下列防止爆炸的措施：

（1）首先应使产生爆炸的条件同时出现的可能性减到最小程度。

（2）工艺设计中应采取消除或减少易燃物质的产生及积聚的措施：

1）工艺流程中宜采取较低压力和温度将易燃物质限制在密闭容器内；

2）工艺布置应限制和缩小爆炸危险区域的范围，并宜将不同等级的爆炸危险区，或爆炸危险区与非爆炸危险区分隔在各自的厂房或界区内；

3）在设备内可采用以氮气或其他惰性气体覆盖的措施；

4）宜采取安全联锁或事故时加入聚合反应阻聚剂等化学药品的措施。

（3）防止爆炸性气体混合物的形成，或缩短爆炸性气体混合物滞留时间，宜采取下列措施：

1）工艺装置宜采取露天或开敞式布置；

2）设备机械通风装置；

3）在爆炸危险环境内设置正压室；

4）对区域内易形成和积聚爆炸性气体混合物的地点设置自动测量仪器装置，当气体或蒸气浓度接近爆炸下限值的50%时，应能可靠地发出信号或切断电源。

（4）在区域内应采取消除或控制电气设备线路产生火花、电弧或高温的措施。

《可燃气体报警控制器》（GB 16808—2008）中，第4.1.3.2条的规定：

控制器应能直接或间接地接收来自可燃气体探测器及其他报警触发器件的报警信号，发出可燃气体报警声、光信号，指示报警部位，记录报警时间，并保持至手动复位。

整改结果

安装有超温、气体浓度报警及排气管的烘干设备

安全隐患9-9

在可燃性粉尘环境违规安装电器及线路

隐患现象

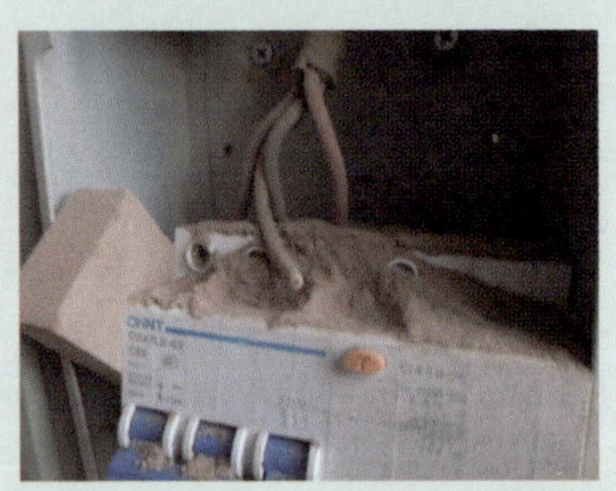

! 在可燃性粉尘环境违规安装的电器及线路

防范措施

要按照《可燃性粉尘环境用电气设备：电气设备的要求》（GB 12476.1—2000）中的IEC引言：

电气设备可能会通过下列几种主要途径点燃可燃性粉尘：

(1) 电气设备表面温度高于粉尘点燃温度。粉尘点燃的温度与粉尘性能、粉尘存在状态、粉尘层的厚度和热源的几何形状有关；

(2) 电气部件（如开关、触头、整流器、电刷及类似部件）的电弧或火花；

(3) 聚积的静电放电；

(4) 辐射能量（如电磁辐射）；

(5) 与电气设备相关的机械火花、摩擦火花或发热。

为了避免点燃危险应做到以下几点：

(1) 可能堆积粉尘或可能与粉尘云接触的电气设备表面的温度须保持在本标准所规定的温度极限以下；

(2) 任何产生电火花的部件或其温度高于粉尘点燃温度的部件应安放在一个能足以防止粉尘进入的外壳内，或限制电路的能量以避免产生能够点燃可燃性粉尘的电弧、火花或温度；

(3) 避免任何其他点燃源。

《可燃性粉尘环境用电气设备 第2部分：选型和安装》（GB 12476.2—2010）中，第11.2条规定：

插座的安装应保证在插头插入或拔出的情况下均无粉尘进入，在防粉尘帽意外脱落情况下要使粉尘的进入量最少。插座应倾斜安装，与垂直线的夹角不超过60°，且插孔朝下方向。

整改结果

正规安装敷设的电源线路及电气开关箱

：在木器加工机械的背面用硬质导管敷设电源线路，在距离加工区较远的墙壁上安装带防护板的电气开关箱。

安全隐患9-10

用可燃材料自制电热烘干箱

隐患现象

！用可燃材料自制的红外线灯泡加热的烘烤箱

！用可燃材料自制的碘钨灯加热的烘烤箱

！用可燃材料自制的碘钨灯加热带通风机的烘烤箱

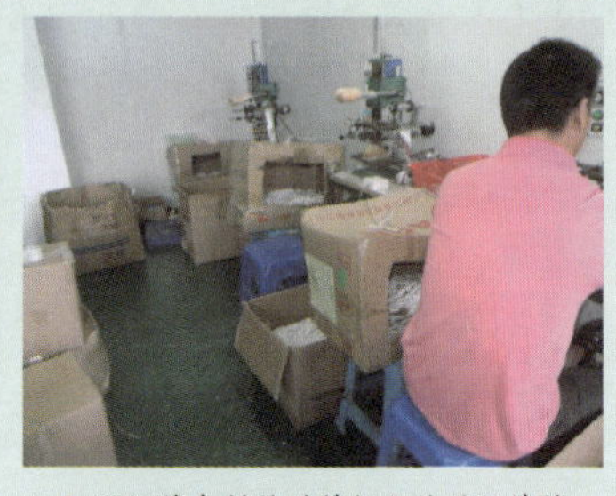

！用纸箱自制的碘钨灯加热的烘烤箱

！在工作台上安装红外线灯泡加热对产品加热

！在流水线上安装连续的碘钨灯加热烘烤箱

防范措施

➡ 在有易燃品的火灾危险环境内，使用电加热器时，要按照《电气装置安装工程　爆炸和火灾危险环境电气装置施工及验收规范》（GB 50257—2014）中，第 4.1.3 条的规定：

在火灾危险环境内，不宜使用电热器。当生产要求必须使用电热器时，应将其安装在非燃材料的底板上，并应装设防护罩。

➡ 在有易燃品的火灾危险环境内，电气设备的使用，要按照《爆炸危险环境电力装置设计规范》（GB 50058—2014）中，第 4.3.2 条的规定：

在火灾危险环境内，正常运行时有火花和外壳表面温度较高的电气设备，应远离可燃物质。

➡《电力设备典型消防规程》（DL 5027—1993）中，第 9.4.5 条规定：

严禁使用明火烘烤清除有油漆的结构物件。

➡ 在使用碘钨灯时，要保证与易燃物之间的距离，要按照《建设工程施工现场供用电安全规范》（GB 50194—2014）中，第 7.0.9 条的规定：

照明灯具与易燃物之间，应保持一定的安全距离，普通灯具不宜小于300mm；聚光灯、碘钨灯等高热灯具不宜小于 500mm，且不得直接照射易燃物。当间距不够时，应采取隔热措施。

➡ 在安装与使用碘钨灯时，碘钨灯的电源导线要按照《住宅装饰装修工程施工规范》（GB 50327—2001）中，第 4.4.3 条的规定：

卤钨灯灯管附近的导线应采用耐热绝缘材料制成的护套，不得直接使用具有延燃性绝缘的导线。

整改结果

按照国家标准正规生产的电热设备

安全隐患9-11

易燃易爆场所安装非防爆线路

隐患现象

！金属导管采用常规附件做连接

！防爆灯具的电源线路使用明塑料导线敷设

！防爆灯具采用常规导管进行防护

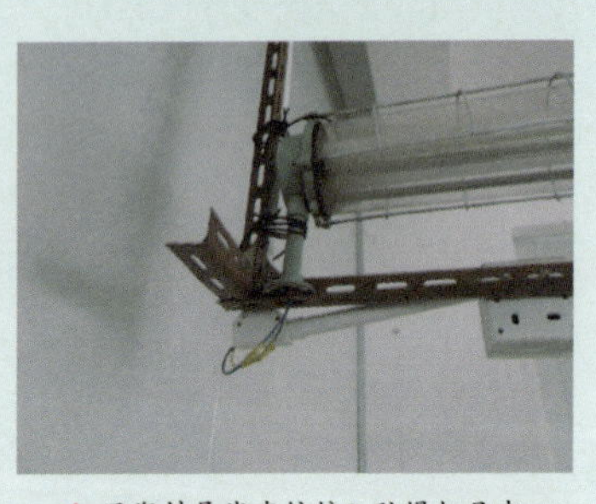

！用塑料导线直接接入防爆灯具内

！喷漆间用常规日光灯和开关进行照明及控制

！防爆灯具使用常规线路进行敷设

防范措施

在有可燃性气体的环境内进行电源线路的敷设时，要按照《电气装置安装工程 爆炸和火灾危险环境电气装置施工及验收规范》（GB 50257—2014）中，第3.1.1条中的规定：

线路的敷设方式、路径，应符合设计规定。当设计无明确规定时，应符合下列要求：

（1）电气线路，应在爆炸危险性较小的环境或远离释放源的地方敷设。

（2）当易燃物质比空气重时，电气线路应在较高处敷设；当易燃物质比空气轻时，电气线路宜在较低处或电缆沟敷设。

（3）当电气线路沿输送可燃气体或易燃液体的管道栈桥敷设时，管道内的易燃物质比空气重时，电气线路应敷设在管道的上方；管道内的易燃物质比空气轻时，电气线路应敷设在管道的正下方的两侧。

在进行电源线路的敷设时，要按照《电气装置安装工程 爆炸和火灾危险环境电气装置施工及验收规范》（GB 50257—2014）中，第4.2.2条的规定：

1kV及以下的电气线路，可采用非铠装电缆或钢管配线；在火灾危险环境21区或23区内，可采用硬塑料管配线；在火灾危险环境23区内，远离可燃物质时，可采用绝缘导线在针式或鼓型瓷绝缘子上敷设。但在沿未抹灰的本质吊顶和木质墙壁等处及木质闷顶内的电气线路，应穿钢管明敷，不得采用瓷夹、瓷瓶配线。

《建筑电气工程施工质量验收规范》（GB 50303—2002）中，第15.1.3条规定：

爆炸危险环境照明线路的电线和电缆额定电压不得低于750V，且电线必须穿于钢导管内。

在用钢管进行敷设时，要按照《电气装置安装工程 爆炸和火灾危险环境电气装置施工及验收规范》（GB 50257—2014）中，第3.3.2条的规定：

钢管与钢管、钢管与电气设备、钢管与钢管附件之间的连接，应采用螺纹连接。不得采用套管焊接，并应符合下列要求：

（1）螺纹加工应光滑、完整、无锈蚀，在螺纹上应涂以电力复合脂或导电性防锈脂。不得在螺纹上缠麻或绝缘胶带及涂其他油漆。

（2）在爆炸性气体环境1区和2区时，螺纹有效啮合扣数：管径为25mm及以下的钢管不应少于5扣；管径为32mm及以上的钢管不应少于6扣。

(3) 在爆炸性气体环境1区或2区与隔爆型设备连接时，螺纹连接处应有锁紧螺母。

(4) 在爆炸性粉尘环境10区和11区时，螺纹有效啮合扣数不应少于5扣。

(5) 外露丝扣不应过长。

(6) 除设计有特殊规定外，连接处可不焊接金属跨接线。

整改结果

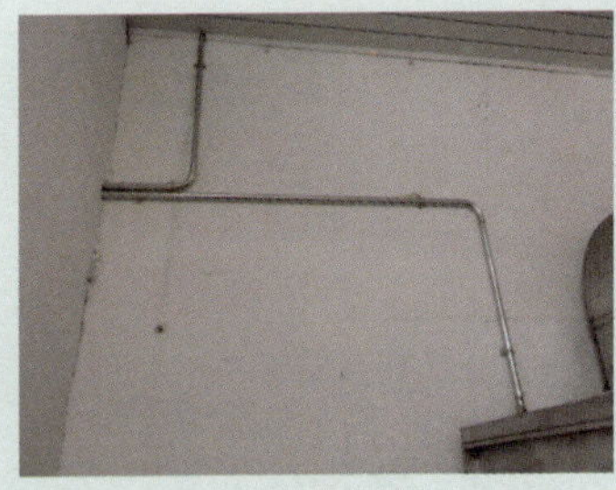

正规的防爆电气线路敷设

第十章

通风降温及排气电风扇

在生产和生活中需要使用各种类型的电风扇，主要是用于通风降温、抽排各类气体、净化空气，改善人们生活和工作的环境。这类用电器与人员的接触较密切，也是各类安全事故出现的高发区，要引起使用人员的高度重视，减少事故的发生。

安全隐患10-1

电风扇电源导线拖放在通道地面

隐患现象

！电风扇的电源导线均为拖放在通道地面上使用

防范措施

《用电安全导则》(GB/T 13869—2008) 中，第 6.8 条规定：

移动使用的用电产品，应采用完整的铜芯橡皮套软电缆或护套软线作电源线；移动时，应防止电源线拉断或损坏。

车间内排风扇电源线的选用及电源线的接头处，要按照《电力建设安全工作规程》(火力发电厂部分) (DL 5009.1—2002) 中，第 13.4.1 条的规定：

移动式电动机械和手持电动工具的单相电源线必须使用三芯软橡胶电缆；三相电源线在 TT 系统中必须使用四芯软橡胶电缆，在 TN－S 系统中必须使用五芯软橡胶电缆。接线时，缆线护套应穿进设备的接线盒内并予以固定。

车间内排风扇的橡套软电缆线在使用时，要按照《电力建设安全工作规程 第 3 部分：变电站》(DL 5009.3—2013) 中，第 4.6.1.7 条的规定：

移动式机械的电源线应悬空架设，不得随意放在地面上。

《电业安全工作规程 第 1 部分：热力和机械》(GB 26164.1—2010) 中，第 3.6.5.4 条规定：

电气工器具的电线不应接触热体，不应放在潮湿的地上，经过通道时必须采取架空或套管等其他保护措施，严禁重载车辆或重物压在电线上。

《用电安全导则》(GB/T 13869—2008) 中，第 6.5 条规定：

一般环境下，用电产品以及电气线路的周围应留有足够的安全通道和工作空间，且不应堆放易燃、易爆和腐蚀性物品。

整改结果

规范使用的电风扇电源导线

：排风扇电源导线要从接近的墙壁电源处连接。

安全隐患10-2

壁扇和吊扇电源导线悬空敷设

隐患现象

! 吊扇的电源线违规从吊杆处悬空拉下来

! 壁扇的电源线未进行导管或线槽敷设

! 将壁扇的软电源线改为二根塑料导线悬空拉下来

! 将壁扇的软电源线用二根塑料导线接头下来

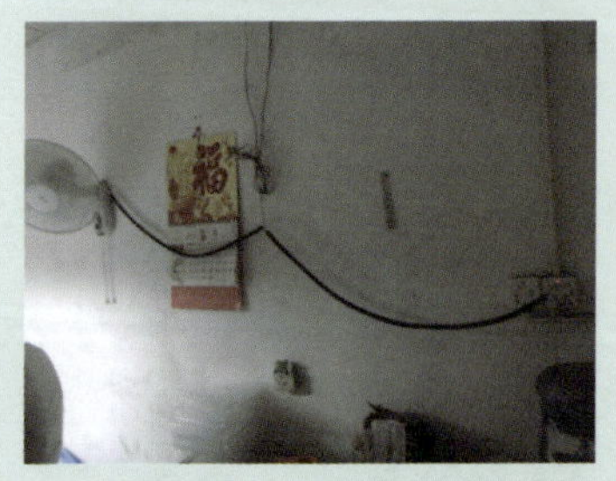

! 将壁扇的软电源线接长后沿着墙壁明敷设

! 将壁扇的软电源线用二根塑料导线随意拉下来

防范措施

《施工现场临时用电安全技术规范》（JGJ 46—2005）中，第 7.3.2 条规定：

室内配线应根据配线类型采用瓷瓶、瓷（塑料）夹、嵌绝缘槽、穿管或钢索敷设。

室内电源线路的敷设，要按照《1kV 及以下配线工程施工与验收规范》（GB 50575—2010）中，第 3.0.12 条的规定：

配线工程用的塑料绝缘导管、塑料线槽及其配件必须由阻燃材料制成，导管和线槽表面应有明显的阻燃标识和制造厂厂标。

《民用建筑电气设计规范》（JGJ 16—2008）中，第 8.2.5 条规定：

直敷布线在室内敷设时，电线水平敷设至地面的距离不应小于 2.5m，垂直敷设至地面低于 1.8m 部分应穿导管保护。

车间室内导线截面积的选择，要按照《施工现场临时用电安全技术规范》（JGJ 46—2005）中，第 7.3.5 条的规定：

室内配线所用导线或电缆的截面应根据用电设备或线路的计算负荷确定，但铜线截面不应小于 1.5mm²，铝线截面不应小于 2.5mm²。

整改结果

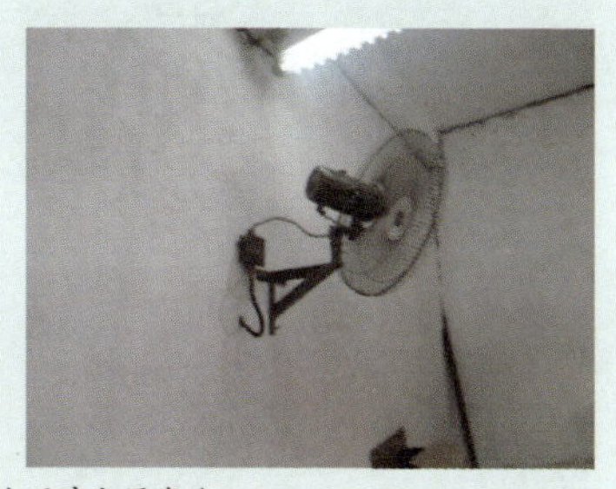

正规敷设的电风扇电源线路

安全隐患10-3

电风扇违规使用

隐患现象

！将排风扇放置在手推车上使用

！将电风扇放在办公台上使用

！将排风扇放置在塑料产品箱上使用

！将无防护网的轴流风机放在架子上使用

！将排风扇的电源线从铝合金的窗户中拖出使用

！将自制无防护网的通风机当排风扇使用

防范措施

《施工现场临时用电安全技术规范》（JGJ 46—2005）中，第4.2.2条规定：

电气设备设置场所应能避免物体打击和机械损伤，否则应做防护处置。

《电气设备安全设计导则》（GB/T 25295—2010）中，第5.4.2条规定：

电气设备在防止机械危险保护的结构设计应满足：外形和重心位置应使电气设备有足够稳定性，放置在地面、支架、托架、台座等上时不会受振动或其他外界的作用力而倾倒或跌落。

《国家电气设备安全技术规范》（GB 19517—2009）中，第2.2.5条规定：

应采取适当的措施，防止电气设备自身或旁邻设备产生的高温、电弧、辐射、气体、噪声、振动等电能和非电能的间接作用所造成的危险。

《用电安全导则》（GB/T 13869—2008）中，第4.4条规定：

在正常使用条件下，对人和家畜的直接触电或间接触电所引起的身体伤害，及其他危害应采取足够的防护。

整改结果

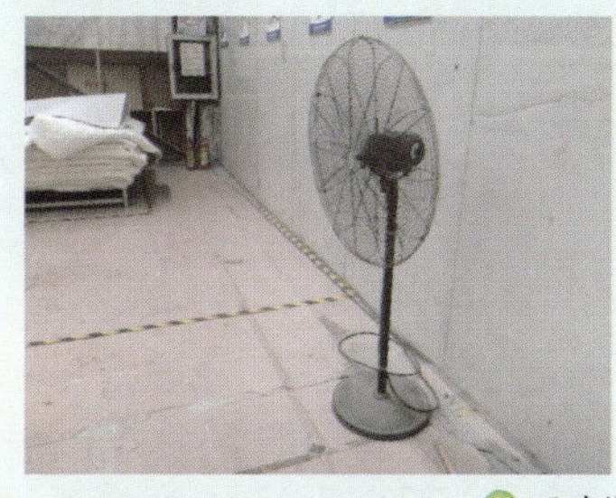

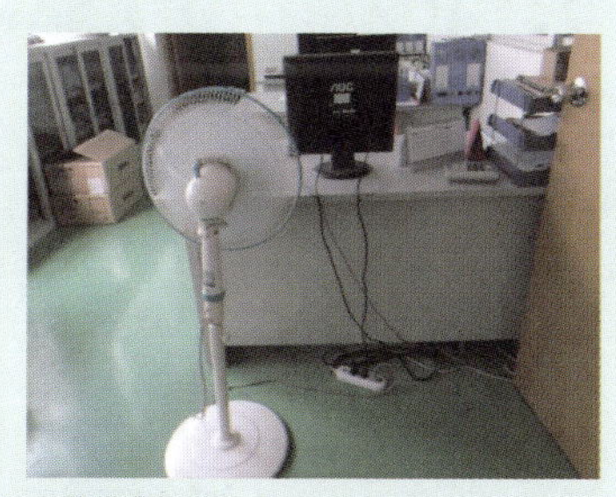

正确使用的排风扇

：排风扇要放置在平衡的地面使用并不得改变其用途。

安全隐患10-4

电风扇违规安装

隐患现象

！将壁扇用铁丝绑扎在铝合金窗框上

！壁扇固定架不全继续安装使用

！自制风扇固定座重心不稳继续安装使用

！壁扇无固定架绑扎在铁架上使用

！图方便壁扇低位置安装使用

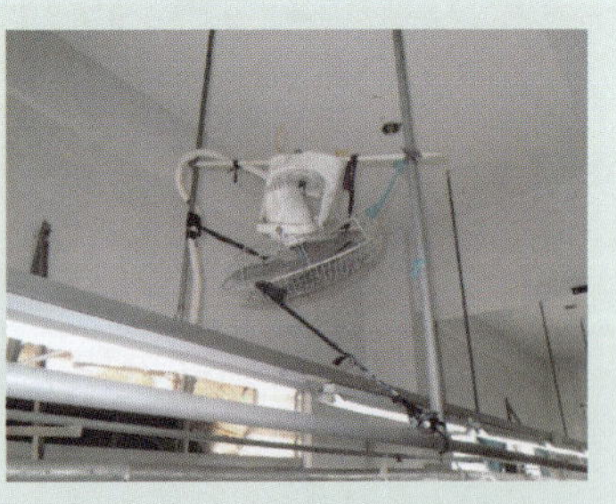

！将壁扇绑扎在自制的架子上使用

防范措施

车间内墙壁上壁扇的安装，要按照《建筑电气照明装置施工与验收规范》（GB 50617—2010）中，第 3.3.2 条的规定：

（1）壁扇底座应采用膨胀螺栓固定，膨胀螺栓的数量不应少于 3 个，且直径不应小于 8mm。底座固定应牢固可靠。

（2）壁扇防护罩应扣紧，固定可靠，运转是时扇叶和防护罩均应无明显颤动和异常声响。壁扇不带电的外露可导电部分保护接地应可靠。

（3）壁扇下侧边缘距地面的高度不应小于 1.8m。

（4）壁扇涂层完整，表面无划痕，防护罩无变形。

《电气设备安全设计导则》（GB/T 25295—2010）中，第 4.3.3 条规定：

承受预见危险的能力在设计上应保证电气设备能承受预见会出现、且能引起危险的物理和化学作用（如静态或动态，液体或气体，热或特殊气候等）时不会造成危险。

《国家电气设备安全技术规范》（GB 19517—2009）中，第 2.4.4 条规定：

电气设备的电气联接、机械联接和既是电气联接又是机械联接的联接件、装置、连接器、端子、导体等必须可靠锁定。使用中发热、松动、位移或其他变动应保持在允许的范围内，并能承受电、热、机械的应力。

《电气设备安全设计导则》（GB/T 25295—2010）中，第 4.2.2 条规定：

如果在设计上不能将已知的危险排除在可以避免的程度，则应该做出设计的说明，或者给出必要的文件，例如产品的安装使用说明书，或者标志、标识等，以起到：

——防护电气设备的危险，保护面临风险的人员；

——针对防护不完全，或无防护的情况，警告面临风险的人员，保持对危险的警觉，或提示应当采取的适当行动；

——为面临危险的人员进行培训。

整改结果

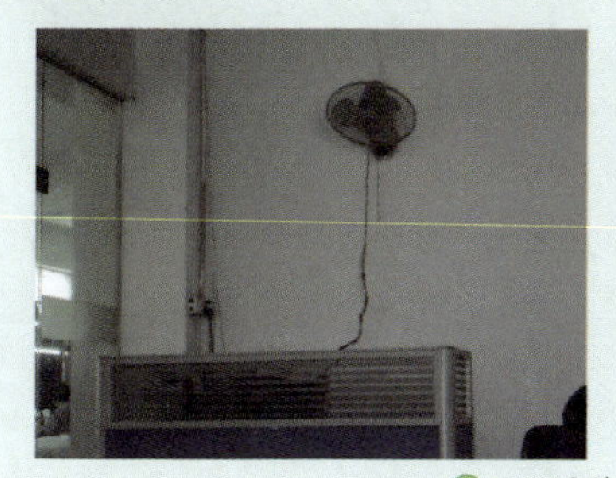

正规安装使用的壁扇

安全隐患10-5

电风扇有破损后继续使用

隐患现象

！将无座的电风扇绑扎在凳子上使用

！排风扇固定架有破损用纤维固定使用

！电风扇防护网及底座损坏后继续使用

！电风扇底座损坏后放在铁架上继续使用

！排风扇底座破损后还继续使用

！用木棍插入排风扇支架上使用

防范措施

《电气设备安全设计导则》（GB/T 25295—2010）中，第5.4.3条规定：

电气设备的外部结构应有足够的机械强度，以保证电气设备在使用中不会由于操作疏忽而造成外壳破坏，或爬电距离、电气间隙减小到不允许的程度，甚至触及到带电零件。

电气设备有运动或旋转的部件时，机械危险防护的设计要求应按照《电气设备安全设计导则》（GB/T 25295—2010）中，第5.4.1条的规定：

电气设备应设计有一个坚固、连续、封闭的外壳或罩壳，以将带电零件、机械结构部分包封起来，防止异物进入和人体直接触及带电部分和运动部件。外壳上允许有规定尺寸的开口，但其遮挡物不允许能被任意拆卸。

注：所谓不允许被任意拆卸，指的是用于防护的部件只能使用工具或钥匙才能将其移除。

一般情况下，外壳防护包括以下两种形式的防护：①防止人体触及或接近外壳内部的带电部分和触及运动部件（光滑的旋转轴和类似部件除外）；②防止固体异物进入外壳内部。

《国家电气设备安全技术规范》（GB 19517—2009）中，第2.4.4条规定：

电气设备的电气联接、机械联接和既是电气联接又是机械联接的联接件、装置、连接器、端子、导体等必须可靠锁定。使用中发热、松动、位移或其他变动应保持在允许的范围内，并能承受电、热、机械的应力。

《电气设备安全设计导则》（GB/T 25295—2010）中，第4.3.3条规定：

承受预见危险的能力在设计上应保证电气设备能承受预见会出现、且能引起危险的物理和化学作用（如静态或动态，液体或气体，热或特殊气候等）时不会造成危险。

整改结果

完好无损的电风扇

安全隐患10-6

电风扇电源导线违规使用及有接头

隐患现象

! 为增加使用的范围使用塑料花线或多股导线接头

防范措施

《用电安全导则》（GB/T 13869—2008）中，第 6.8 条规定：

移动使用的用电产品，应采用完整的铜芯橡皮套软电缆或护套软线作电源线；移动时，应防止电源线拉断或损坏。

《施工现场临时用电安全技术规范》（JGJ 46—2005）中，第 9.1.4 条规定：

电动建筑机械和手持式电动工具的负荷线应按其计算负荷选用无接头的橡皮护套铜芯软电缆，其性能应符合现行国家标准《额定电压 450/750V 及以下橡皮绝缘电缆》（GB 5013）中第 1 部分（一般要求）和第 4 部分（软线和软电缆）的要求；其截面可按本规范附录 C 选配。

电缆芯线数应根据负荷及其控制电器的相数和线数确定：三相四线时，应选用五芯电缆；三相三线时，应选用四芯电缆；当三相用电设备中配置有单相用电器具时，应选用五芯电缆；单相二线时，应选用三芯电缆。

电缆芯线应符合本规范第 7.2.1 条规定，其中 PE 线应采用绿/黄双色绝缘导线。

《1kV 及以下配线工程施工与验收规范》（GB 50575—2010）中，第 5.1.2 条规定：

电线接头应设置在盒（箱）或器具内，严禁设置在导管或线槽内，专用接线盒的设置位置应便于检修。

整改结果

规范的排风扇电源线

：排风扇的电源线要使用整根无接头的三芯软电缆线。

安全隐患10-7

未按要求更换排风扇电源导线

隐患现象

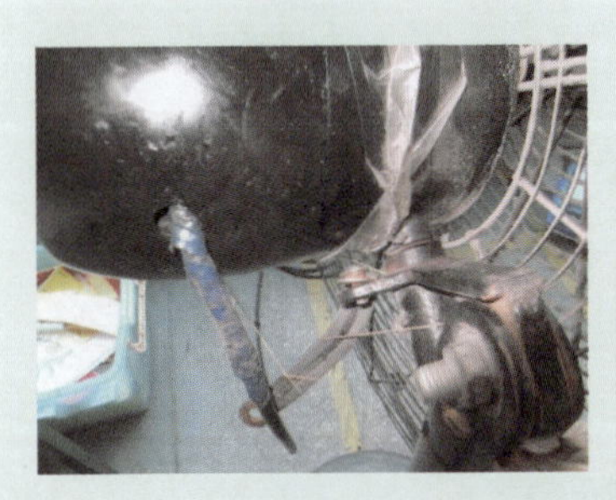

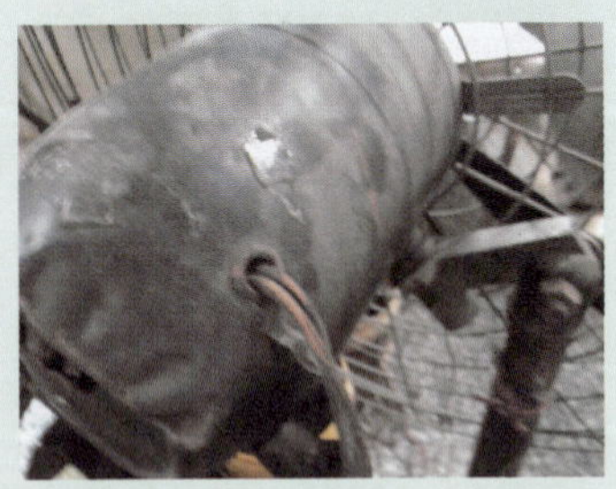

! 排风扇的三芯软电缆线损坏后未按照规范的要求进行更换

防范措施

《可移式电动工具的安全　第一部分：通用要求》（GB 13960.1—2008）中，第24.2条规定：

电源线应以下述联接方法之一安装到工具上：①X型联接；②Y型联接；③Z型联接，仅用于更换型工具（当第二部分允许时）。

具有X型联接和Y型联接的电源线可以是普通软线，也可以是专用线，并只由制造商或其维修部提供，专用线也可能包含有工具的一部分。

车间内使用的移动式排风扇的电源线，要按照《用电安全导则》（GB/T 13869—2008）中，第6.8条的规定：

移动使用的用电产品，应采用完整的铜芯橡皮套软电缆或护套软线作电源线；移动时，应防止电源线拉断或损坏。

整改结果

更换后的三芯软电缆线

：排风扇的三芯软电缆线损坏后，均要按照规范的要求进行更换。

安全隐患10-8

电风扇防护罩网孔间隔过宽

隐患现象

! 排风扇防护罩网孔间隔过宽

防范措施

电气设备旋转部位的防护网，要按照《金属切削机床安全防护通用技术条件》（GB 15760—2004）中，第5.5.1条的规定：

防护罩、屏、栏的材料，以及采用网状结构、孔板结构和栏栅结构时的网眼或孔的最大尺寸和最小安全距离，应符合有关规定。

《电气设备安全设计导则》（GB/T 25295—2010）中，第5.4.1条的规定：

电气设备应设计有一个坚固、连续、封闭的外壳或罩壳，以将带电零件、机械结构部分包封起来，防止异物进入和人体直接触及带电部分和运动部件。外壳上允许有规定尺寸的开口，但其遮挡物不允许能被任意拆卸。

注：所谓不允许被任意拆卸，指的是用于防护的部件只能使用工具或钥匙才能将其移除。

一般情况下，外壳防护包括以下两种形式的防护：①防止人体触及或接近外壳内部的带电部分和触及运动部件（光滑的旋转轴和类似部件除外）；②防止固体异物进入外壳内部。

整改结果

符合标准的排风扇防护罩

：排风扇的防护罩网孔间隔要符合规范防护的要求，或将防护罩加装密孔金属网。

安全隐患10-9

电风扇电源导线压在物品下

隐患现象

! 排风扇底压到了电源的软电缆线或塑料导线

防范措施

车间内移动式排风扇的橡套软电缆线在使用时，要按照《电力建设安全工作规程（变电所部分）》（DL 5009.3—1997）中，第4.6.1.7条的规定：

移动式机械的电源线应悬空架设，不得随意放在地面上。

《电业安全工作规程　第1部分：热力和机械》（GB 26164.1—2010）中，第3.6.5.4条的规定：

电气工器具的电线不应接触热体，不应放在潮湿的地上，经过通道时必须采取架空或套管等其他保护措施，严禁重载车辆或重物压在电线上。

《电力建设安全工作规程（变电所部分）》（DL 5009.3—1997）中，第4.6.1.7条规定：

移动式机械的电源线应悬空架设，不得随意放在地面上。

整改结果

规范使用的软电缆线

：排风扇的三芯橡套软电缆线不能拖放在地面使用。

第十一章

室外变配发电设备与室外电路

室外变配发电设备与室外线路，主要是指 10kV 及以下的变配电设施、变压器、低压发电机，以及室外敷设的低压线路和电器安装等，重点是低压电工所能接触到的变配发电设备与室外线路，在安装使用、运行方式、运行维护、不正常运行的安全隐患。

安全隐患11-1

变配电设施栅栏等防护及管理不到位

隐患现象

！变配电站栅栏门不上锁（上角小图）

！安装不合格栅栏并已损坏

！栅栏门已经丢失并堆放杂物

！箱式变电设施未安装栅栏

！栅栏不符合要求形同虚设

！栅栏因碰撞松动变形后未及时修复

防范措施

进入变配电站的人员，要严格遵守《电业安全工作规程》的相关规定，按照《低压配电设计规范》（GB 50054—2011）中，第3.4.2条的规定：

所有工作人员（包括工作负责人）不许单独进入、滞留在高压室内和室外高压设备区内。

《电力建设安全工作规程》（火力发电厂部分）（DL 5009.1—2002）中，第6.2.1条规定：

35kV及以下施工用电变压器的户外布置：2变压器在地面安装时，应装设在不低于0.5的高台上，并设置高度不低于1.7m的栅栏。带电部分到栅栏的安全净距，10kV及以下的应不小于1m，35kV的应不小于1.2m。在栅栏的明显部位应悬挂“止步、高压危险”的警告牌。

《建筑电气工程施工质量验收规范》（GB 50303—2002）中，第5.1.4条规定：

箱式变电所及落地式配电箱的基础应高于室外地坪，周围排水通畅。用地脚螺栓固定的螺帽齐全，拧紧牢固；自由安放的应垫平放正。金属箱式变电所及落地式配电箱，箱体应接地（PE）或接零（PEN）可靠，且有标识。

《低压配电设计规范》（GB 50054—2011）中，第5.1.4条规定：

遮栏或外护物应稳定、耐久、可靠地固定。

《建筑物电气装置　第4-41部分：安全防护　电击防护》（GB 16895.21—2004）中，第2.2.3条规定：

遮栏和外护物应牢固定位，并有足够的稳定性和持久性，以保持所要求的防护等级，并在计及有关外界影响时，在已知的正常工作条件下与带电部分有适当分隔。

《电力变压器运行规程》（DL/T 572—2010）中，第3.2.6条规定：

变压器室的门应采用阻燃或不燃材料，开门方向应向外侧，门上应标明变压器的名称和运行编号，门外应挂“止步，高压危险”标志牌，并应上锁。

整改结果

安装遮栏并上锁的变配电装置

：变配电装置安装栅栏及栅栏门要上锁。

安全隐患11-2

变配电设施及线路维护不到位

隐患现象

！高压线路周围的树木接近并接触到高压线路和高压电器

！检修高压线路未及时地将楼梯移走

！变压器外壳已经严重锈蚀

！树木已经包围高压跌落式熔断器

！长期未巡视高低配电室栅栏已锈死

防范措施

对于室外的配电装置，要按照《建设工程施工现场供用电安全规范》(GB 50194—2014) 中，第 8.0.12.3 条的规定：

架空线路的巡视和检查，每季不应少于 1 次。第 2.2.6 条之规定：位于人行道树木间的变压器台，在最大风偏时，其带电部位与树梢间的最小距离，高压不应小于 2m，低压不应小于 1m。

《电力安全工作规程（电力线路部分）》中，第 2.4.1 条规定：在线路带电情况下，砍伐靠近线路的树木时，工作负责人必须在工作开始前，向全体人员说明：电力线路有电，不得攀登杆塔；树木、绳索不得接触导线。

《电力建设安全工作规程第 2 部分：电力线路》(DL 5009.2—2013) 中，第 15.0.4 条规定：在茂密的林中或路边砍伐时，应设监护人；树木倾倒前应呼叫警告，砍伐人员应向倾倒的相反方向躲避。

《建设工程施工现场供用电安全规范》(GB 50194—2014) 中，第 8.0.12.1 条规定：低压配电装置、低压电器和变压器，有人值班时，每班应巡视检查 1 次。无人值班时，至少应每周巡视 1 次。

《电力变压器检修导则》(DL/T 573—2010) 中，第 11.5 条规定：油箱的检测要求：变压器外部，目测油箱外表面应洁净，无锈蚀，漆膜完整。

《电力安全工作规程（发电厂和变电站电气部分）》(GB 26860—2011) 中，第 16.2 条规定：在屋外变电所和高压室内搬动梯子、管子等长物，应两人放倒搬运，并与带电部分保持足够的安全距离。

整改结果

维护到位的变配电设施

安全隐患11-3

室外照明灯具及线路违规安装

隐患现象

！室外路灯未按照规定的要求安装

！室外通道照明灯具损坏未及时修复

！室内日光灯照明灯具在室外安装使用

！室外局部照明灯具未按照规范要求安装

！在窗户上安装碘钨灯用作室外照明

！室外路灯损坏后未及时进行修复

防范措施

《建设工程施工现场供用电安全规范》（GB 50194—2014）中，第7.0.2条规定：

照明线路应布线整齐，相对固定。室内安装的固定式照明灯具悬挂高度不得低于2.5m，室外安装的照明灯具不得低于3m。安装在露天工作场所的照明灯具应选用防水型灯头。

《建筑电气照明装置施工与验收规范》（GB 50617—2010）中，第4.1.11条规定：

露天安装的灯具及其附件、紧固件、底座和与其相连的导管、接线盒等应有防腐蚀和防水措施。

整改结果

按规范要求进行安装的室外照明灯具

安全隐患11-4

室外广告灯箱电源线路违规安装

隐患现象

！广告灯箱用铁架制成并未接地，电源用花线连接灯箱内的电源后，摆放在人行道或马路边

防范措施

室外使用的广告灯箱，其电源线不能使用塑料花线，要按照《用电安全导则》（GB/T 13869—2008）中，第 6.8 条的规定：

移动使用的用电产品，应采用完整的铜芯橡皮套软电缆或护套软线作电源线；移动时，应防止电源线拉断或损坏。

室外广告灯箱的电气线路在敷设时，不能拖放在地面使用，要按照《电业安全工作规程第 1 部分：热力和机械》（GB 26164.1—2010）中，第 3.5.6 条的规定：

敷设临时低压电源线路，应使用绝缘导线。架空高度室内应大于 2.5m，室外应大于 4m，跨越道路应大于 6m。严禁将导线缠绕在护栏、管道及脚手架上。

在室外安装使用的广告灯箱，为保证过往人员的人身安全，要按照《农村低压电力技术规程》（DL/T 499—2001）中，第 12.3 条的规定：

临时用电应装设配电箱，配电箱内应配装控制保护电器、剩余电流动作保护器和计量装置。配电箱外壳的防护等级应按周围环境确定，防触电类别可为Ⅰ类或Ⅱ类。

在室外安装的广告灯箱，当距离地面的高度达不到要求时，要按照《建筑电气工程施工质量验收规范》（GB 50303—2002）中，第 19.1.6 条的规定：

当灯具距地面高度小于 2.4m 时，灯具的可接近裸露导体必须接地（PE）或接零（PEN）可靠，并应有专用接地螺栓，且有标识。

在室外安装使用的广告灯箱，每次使用前要按照《剩余电流动作保护装置安装和运行》（GB 13955—2005）中，第 7.3 条的规定：

用于手持式电动工具和移动式电气设备和不连续使用的剩余电流保护装置，应在每次使用前进行试验。

整改结果

按照安全规范要求进行安装的广告灯箱

安全隐患11-5

室外景观灯及电源线路违规安装

隐患现象

！人行道路上安装的装饰灯具，电源线路采用普通波纹管明安装

！公园内安装的装饰灯具，电源导线进入灯具时，未使用专用附件或套导管防护

！灯具电源附件使用不规范而致导线外露

！灯具破损后未及时修复或拆除

防范措施

人行道地面上安装的景观照明灯具，要按照《建筑电气照明装置施工与验收规范》(GB 50617—2010) 中，第 4.3.3 条的规定：

(1) 在人行道等人员来往密集场所安装的灯具，无围栏防护时，灯具底部距地面高度应在 2.5m 以上；

(2) 灯具及其金属构架和金属保护管与保护接地线 (PE) 应连接可靠，且有标识；

(3) 灯具的节能分级应符合设计要求。

人行道地面上安装的景观照明灯具，电源导线的连接接头，要按照《1kV 及以下配线工程施工与验收规范》(GB 50575—2010) 中，第 5.1.2 条的规定：

电线接头应设置在盒（箱）或器具内，严禁设置在导管或线槽内，专用接线盒的设置位置应便于检修。

《建筑电气工程施工质量验收规范》(GB 50303—2002) 中，第 21.2.3 条规定：

建筑物景观照明灯具构架应固定可靠，地脚螺栓拧紧，备帽齐全；灯具的螺栓紧固、无遗漏。灯具外露的电线或电缆应有柔性金属导管保护。

整改结果

按规范要求安装的景观灯具

安全隐患11-6

临时电源线路违规安装

隐患现象

！在大树上安装支撑线路的横担

！用绳子绑在树上拉扯固定导线

！将导线绑扎在外铁架上并在电线上晒衣服

！将导线直接拉扯到木杆上

！电源的塑料导线直接敷设在地面及水管上

！以脚手架为支撑点固定电源导线

防范措施

临时用电的建筑工地电源线路的敷设，要按照《施工现场临时用电安全技术规范》(JGJ 46—2005) 中，第 7.1.2 条的规定：

架空线必须架设在专用电杆上，严禁架设在树木、脚手架及其他设施上。

临时用电的架空线路的敷设，要按照《施工现场机械设备检查技术规程》(JGJ 160—2008) 中，第 3.3.9 条的规定：

低压配电系统的配电线路应符合下列规定：

当动力、照明线在同一横担上架设时，导线相序排列应面向负荷从左侧起依次为 L1、N、L2、L3、PE。

当动力、照明线在两层横担上架设时，导线相序排列：上层横担面向负荷从左侧起依次为 L1、L2、L3，下层横担面向负荷从左侧起依次为 L1 (L2、L3)、N、PE。

当架空敷设时，应沿电杆、支架或墙壁敷设，采用绝缘子固定，绑扎线应采用绝缘线，固定点间距应保证电缆能承受自重所带来的荷载，当沿墙壁敷设时最大弧垂距地不应小于 2m。

《建设工程施工现场供用电安全规范》(GB 50194—2014) 中，第 3.2.2 条规定：施工现场内的低压架空线路在人员频繁活动区或大型机具集中作业区，应采用绝缘线。绝缘线不得成束架空敷设，并不得直接捆绑在电杆、树木、脚手架上，不得拖拉在地面上；埋地敷设时必须穿管，管内不得有接头，其管口应密封。

《电业安全工作规程 第 1 部分：热力和机械》(GB 26164.1—2010) 中，第 3.5.6 条规定：敷设临时低压电源线路，应使用绝缘导线。架空高度室内应大于 2.5m，室外应大于 4m，跨越道路应大于 6m。严禁将导线缠绕在护栏、管道及脚手架上。

整改结果

按照规范规定要求进行敷设的低压临时电源线路

安全隐患11-7

室外电气箱防护设施不到位

隐患现象

！使用普通电气开关箱在室外安装

！电气箱锈蚀后没有及时地进行维护

！室外电气箱及线路未按照要求进行安装与敷设

！人行道上电气箱导线有接头并无导管防护

！室外未安装有防雨水功能的电气箱

！电气开关箱无防雨水功能并无盖板

防范措施

《电力建设安全工作规程（火力发电厂部分）》（DL 5009.1—2002）中规定：

6.2.12：开关柜或配电箱应坚固，其结构应具备防火、防雨的功能。箱、柜内的配线应绝缘良好，排列整齐，绑扎成束并固定牢固。导线剥头不得过长，压接应牢固。盘面操作部位不得有带电体明露。

6.2.13：导线进出开关柜或配电箱的线段应加强绝缘并采取固定措施。

6.2.14：杆上或杆旁装设的配电箱应安装牢固并便于操作和维修；引下线应穿管敷设并做防水弯。

《电力建设安全工作规程　第3部分：变电站》（DL 5009.3—2013）中规定：

3.2.10：杆上或杆旁装设的配电箱，应安装牢固并便于操作和维修；引下线应穿管敷设并做防水弯。

3.5.4：配电箱应加锁并设警告标志。

《施工现场临时用电安全技术规范》（JGJ 46—2005）中，第8.1.16条规定：

配电箱、开关箱的进、出线口应配置固定线卡、进出线应加绝缘护套并成束卡在箱体上，不得与箱体直接接触。移动式配电箱、开关箱的进、出线应采用橡皮护套绝缘电缆，不得有接头。

整改结果

规范安装的配电箱

：室外要安装有防雨水功能的配电箱。

安全隐患11-8

室外电源线穿墙孔不套管

隐患现象

! 电源导线穿墙壁孔时未穿导管进行防护

防范措施

➡ 电源线路从墙壁进穿墙孔时，要按照《农村低压电力技术规程》（DL/T 499—2001）中，第9.3.11条的规定：

进户线穿墙时，应套装硬质绝缘管，电线在室外应做滴水弯，穿墙绝缘管应内高外低，露出墙壁部分的两端不应小于10mm；滴水弯最低点距地面小于2m时进户线应加装绝缘护套。

➡ 墙壁上穿墙孔内使用的导管，要按照《1kV及以下配线工程施工与验收规范》（GB 50575—2010）中的规定：

3.0.12：配线工程用的塑料绝缘导管、塑料线槽及其配件必须由阻燃材料制成，导管和线槽表面应有明显的阻燃标识和制造厂厂标。

1.1.13：室外导管管口不应敞口垂直向上，导管端部应设有防水弯，并应经防水的可弯曲导管或柔性导管弯成滴水弧状后再引入设备的接地盒。

3.0.5：配线工程与建筑工程的施工协调应符合下列规定：配线工程施工结束后，应将配线施工时剔凿的建筑物和构筑物的孔、洞、沟、槽等修补完整；线路穿越楼板或防火墙、管道井、电气竖井、设备间等防火分隔处应做好防火封堵。

4.4.4：暗配在墙内或混凝土内的刚性塑料绝缘导管，应是中型及以上的塑料绝缘导管。

➡ 墙壁上穿墙孔的进户线，按照《施工现场临时用电安全技术规范》（JGJ 46—2005）中，第7.3.4条的规定：

架空进户线的室外端应采用绝缘子固定，过墙处应穿管保护，距地面高度不得小于2.5m，并应采取防雨措施。

➡ 对于同一穿墙孔的刚性塑料绝缘导管，线路敷设时要按照《建筑电气工程施工质量验收规范》（GB 50303—2002）中，第15.1.2条的规定：

不同回路、不同电压等级和交流与直流的电线，不应穿于同一导管内；同一交流回路的电线应穿于同一金属导管内，且管内电线不得有接头。

➡ 要按照《1kV及以下配线工程施工与验收规范》（GB 50575—2010）中，第5.2.4条的规定：

管内电线的总截面面积（包括外护层）不应大于导管内截面面积的40%，且电线总数不宜多于8根。

安全隐患11-9

室外低压线路违规敷设

隐患现象

！变压器低压进户线违规阳台上安装

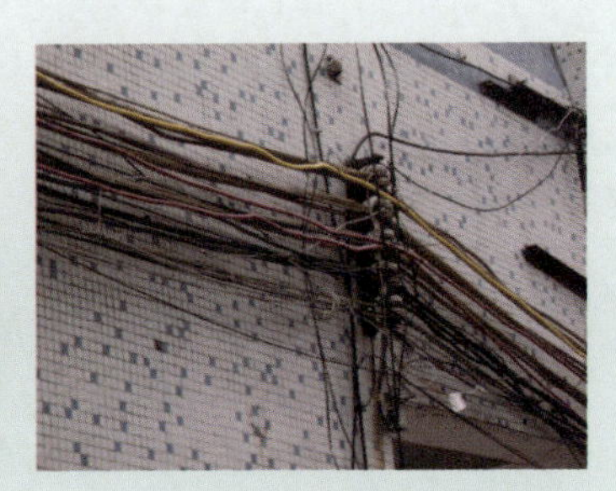

！沿墙敷设低压线路违规安装

！室外低压电源线路采用普通 PVC 管敷设

！室外电源线路采用塑料导线直接敷设

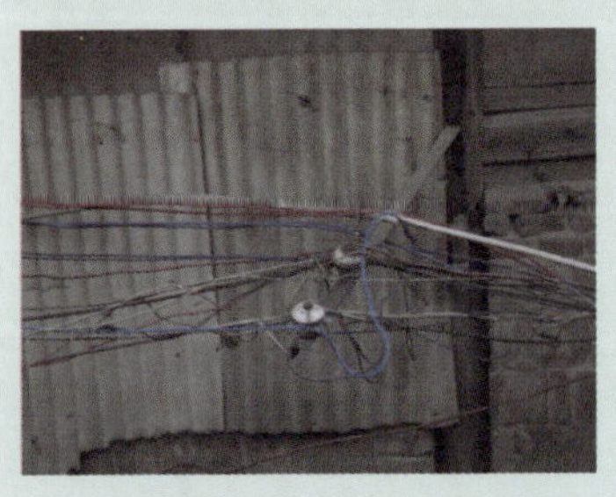

！低压线路横担瓷瓶线路违规安装

！低压电源线路安装高度不符合规范要求

防范措施

《电力建设安全工作规程》（火力发电厂部分）（DL 5009.1—2002）中，第6.2.4条规定：用电线路及电气设备的绝缘必须良好，布线应整齐，设备的裸露带电部分应有防护措施。架空线路的路径应合理选择，避开易撞、易碰的场所，避开易腐蚀场所及热力管道。

《10kV及以下架空配电线路设计技术规程》（DL/T 5220—2005）中规定：

9.0.9：1kV～10kV配电线路采用绝缘导线时，垂直距离不应小于3.0m。9.0.11：配电线路每相的过引线、引下线与邻相的过引线、引下线或导线之间的净空距离，不应小于下列数值：①1kV～10kV为0.3m；②1kV以下为0.15m；③1kV～10kV引下线与1kV以下的配电线路导线间距离不应小于0.2m。

第14.0.2条中规定：1kV～10kV接户线的档距不宜大于40m。档距超过40m时，应按1kV～10kV配电线路设计。1kV以下接户线的档距不宜大于25m，超过25m时宜设接户杆。1kV～10kV接户线，线间距离不应小于0.40m。1kV以下接户线的线间距离，不应小于表11-1所列数值。1kV以下接户线的零线和相线交叉处，应保持一定的距离或采取加强绝缘措施。14.0.5：接户线受电端的对地面垂直距离，不应小于下列数值：1kV～10kV为4m；1kV以下为2.5m。14.0.7：1kV以下接户线与建筑物有关部分的距离，不应小于下列数值：①与接户线下方窗户的垂直距离为0.3m；②与接户线上方阳台或窗户的垂直距离为0.8m；③与窗户或阳台的水平距离为0.75m；④与墙壁、构架的距离为0.05m。

表11-1　1kV以下接户线的最小线间距离　m

架设方式	档距	线间距离
自电杆上引下	25及以下	0.15
	25以上	0.20
沿墙敷设水平排列或垂直排列	6及以下	0.10
	6以上	0.15

整改结果

按规范要求敷设的室外低压电源线路

安全隐患11-10

发电机房电源线路违规敷设

隐患现象

！发电机房电缆沟设计及敷设不规范

！发电机电源线路直接沿着地面敷设

！移动发电设备电源线路未按规范要求安装

！发电机电源导线无防护拖在地面敷设

！发电机电源线违规随意性地乱拉

！发电机未按规范的要求架空敷设

防范措施

发电机房内线路的敷设，要按照《民用建筑电气设计规范》（JGJ 16—2008）中，第6.1.5条的规定：

（1）机房、储油间宜按多油污、潮湿环境选择电力电缆或绝缘电线。

（2）发电机配电屏的引出线宜采用耐火型铜芯电缆、耐火型封闭式母线或矿物绝缘电缆。

（3）控制线路、测量线路、励磁线路应选择铜芯控制电缆或铜芯电线。

（4）控制线路、励磁线路和电力配线宜穿钢导管埋地敷设或采用电缆沿电缆沟敷设。

（5）当设电缆沟时，沟内应有排水和排油措施。

《民用建筑电气设计规范》（JGJ 16—2008）中，第6.1.13条规定：

当设计柴油发电机房时，给水排水、暖通和土建应符合下列规定：柴油机基础宜采取防油浸的设施，可设置排油污沟槽，机房内管沟和电缆沟内应有0.3%的坡度和排水、排油措施；

《民用建筑电气设计规范》（JGJ 16—2008）中，第6.1.3条规定：

机房设备的布置应符合下列规定：每台柴油机的排烟管应单独引至排烟道，宜架空敷设，也可敷设在地沟中。排烟管弯头不宜过多，并应能自由位移。水平敷设的排烟管宜设坡外排烟道0.3%～0.5%的坡度，并应在排烟管最低点装排污阀；机房内的排烟管采用架空敷设时，室内部分应敷设隔热保护层；排烟管穿墙应加保护套，伸出屋面时，出口端应加防雨帽。

《施工现场机械设备检查技术规程》（JGJ 160—2008）中，第3.1.9条规定：

（1）柴油发电机组应采用电源中性点直接接地的三相四线制供电系统和独立设置的与原供电系统一致的接零（接地）保护系统，接地装置敷设应符合国家现行标准《施工现场临时用电安全技术规范》（JGJ 46）的规定，接地体（线）连接应正确、牢固，其接地电阻应符合国家现行标准《施工现场临时用电安全技术规范》（JGJ 46）的规定。

（2）柴油发电机组馈电线路连接后，两端的相序应与原供电系统的相序一致。

（3）柴油发电机组至低压配电装置馈电线路的相间、相地间的绝缘应良好，且绝缘电阻值应大于0.5MΩ。

（4）励磁调压、灭弧装置、继电保护装置应齐全、可靠。

（5）供电系统应设置电源隔离开关及短路、过载、漏电保护电器；电源隔离开关分断时应有明显可见的分断点。

《电力建设安全工作规程　第3部分：变电站》（DL 5009.3—2013）中，第3.3.3.4条规定：

严禁将电线直接勾挂在闸刀上或直接插入插座内使用。

《建设工程施工现场供用电安全规范》(GB 50194—2014）中，第2.1.9条规定：

移动式柴油发电机拖车上部应设防雨棚。防雨棚应牢固、可靠。

第2.1.13条规定：

柴油发电机的出口侧应装设短路保护、过负荷保护及低电压保护等装置。

《1kV及以下配线工程施工与验收规范》（GB 50575—2010）中，第3.0.5条规定：

配线工程施工结束后，应将配线施工时剔凿的建筑物和构筑物的孔、洞、沟、槽等修补完整；线路穿越楼板或防火墙、管道井、电气竖井、设备间等防火分隔处应做好防火封堵。

整改结果

正规敷设（电缆进入电缆沟）的电源线路

安全隐患11-11

发电机违规安装与使用

隐患现象

！发电机与配电柜的间距不符合要求

！因场地原因将发电机放置在室外使用

！没有设置符合要求的发电机房

！将发电机放置在车间的墙边使用

！将发电机直接放置在室外使用

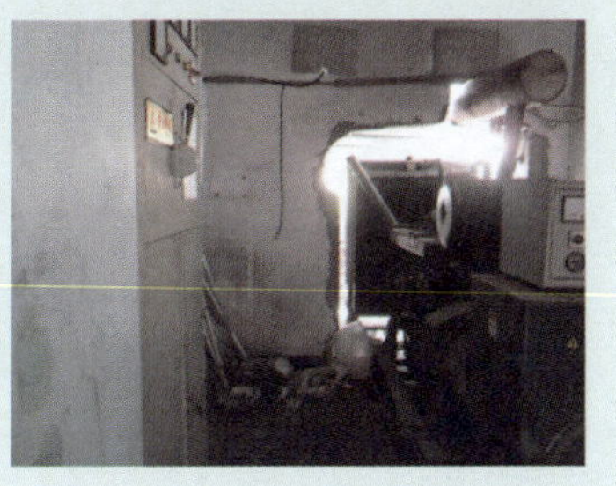

！在配电室内违规破墙安装发电机

防范措施

《施工现场机械设备检查技术规程》（JGJ 160—2008）中规定如下。

3.1.2：固定式柴油发电机组应安装在室内符合规定的基础上，并应高出室内地面0.25～0.30m。移动式柴油发电机组应处于水平状态，放置稳固，其拖车应可靠接地，前后轮应卡住。室外使用的柴油发电机组应搭设防护棚。

3.1.4：施工现场的柴油发电机组的安装环境应选择靠近负荷中心，进出线方便，周边道路畅通及避开污染源的下风侧和易积水的地方。

《施工现场临时用电安全技术规范》（JGJ 46—2005）中，第5.3.5条规定：

移动式发电机供电的用电设备，其金属外壳或底座应与发电机电源的接地装置有可靠的电气连接。

《民用建筑电气设计规范》（JGJ 16—2008）中，第6.1.7条规定：

当不需设控制室时，控制屏和配电屏宜布置在发电机端或发电机侧，其操作维护通道应符合下列规定：①屏前距发电机端不宜小于2.0m；②屏前距发电机侧不宜小于1.5m。

《施工现场机械设备检查技术规程》（JGJ 160—2008）中，第3.1.2条规定：

固定式柴油发电机组应安装在室内符合规定的基础上，并应高出室内地面0.25～0.30m。移动式柴油发电机组应处于水平状态，放置稳固，其拖车应可靠接地，前后轮应卡住。室内使用的柴油发电机组应搭设防护棚。

机组之间、机组外廓至墙的净距应满足设备运输、就地操作、维护检修或布置辅助设备的需要，并应符合表11-2中的规定。

表11-2　　机组之间及机组外廓与墙壁的净距（m）

项目 \ 容量（kW）		64以下	75～150	200～400	500～1500	1600～2000
机组操作面	a	1.5	1.5	1.5	1.5～2.0	2.0～2.5
机组背面	b	1.5	1.5	1.5	1.8	2.0
柴油机端	c	0.7	0.7	1.0	1.0～1.5	1.5
机组间距	d	1.5	1.5	1.5	1.5～2.0	2.5
发电机端	e	1.5	1.5	1.5	1.8	2.0～2.5
机房净高	f	2.5	3.0	3.0	4.0～5.0	5.0～7.0

每台柴油机的排烟管应单独引至排烟道，宜架空敷设，也可敷设在地

沟中。排烟管弯头不宜过多，并应能自由位移。水平敷设的排烟管宜设坡外排烟道 0.3%～0.5%的坡度，并应在排烟管最低点装排污阀；机房内的排烟管采用架空敷设时，室内部分应敷设隔热保护层；排烟管穿墙应加保护套，伸出屋面时，出口端应加防雨帽。

整改结果

规范安装的柴油发电机

第十二章

其他场所和场合

安全隐患12-1

自制烫压切割机无防护措施

隐患现象

！直接用钨丝烫压海绵上的沟槽

！用电热发红的铁条切割塑料薄膜

！用加热的金属刃口切塑料毛边

！将自制电加热器的变压器放在可燃材料的箱内

！自制的电热丝切割海绵厚度的设备

！自制的金属衣架的碰焊设备

防范措施

对于有发热高温装置的电气设备，要有防止操作人员意外触电的安全措施，要按照《电气设备安全设计导则》（GB/T 25295—2010）中，第4.3.6条的规定：防直接接触保护设计要满足保护人和动物不受与电气设备带电部分直接接触时所造成危险的要求。设计的防护措施必须在任何情况下，都能使危险的带电部分不会被有意或无意触及，或者将带电部分的电压值或触及电流值降低到没有危险的程度。

在设计上，防直接接触保护一般采用绝缘防护、外壳或遮拦防护，采用安全特低电压等。

对于有发热高温装置的电气设备，其裸露在外面的带电体，电击防护要按照《低压电气装置　第1部分：基本原则、一般特性评估和定义》（GB 16895.1—2008）中，第1.2.1条的规定：

对于人和家畜在接触电气装置的带电部分时所可能发生的危险应有防护。

这种防护可用下述方法之一获得：①防止电流从任何人或家畜的身体通过；②限制能够通过身体的电流，使其值低于电击电流。

《低压电气装置　第1部分：基本原则、一般特性评估和定义》（GB 16895.1—2008）中，第4.1.6条规定：

所有可能产生高温或电弧的电气设备，应妥善安置或加以遮护，以消除引燃易燃材料的危险。若电气设备的裸露部分的温度可能伤害人体时，则这些部分应妥善安置或加以遮护，以防人员意外触及它们。

《机械加工设备　一般安全要求》（GB 12266—1990）第8.1条中的规定：

机械加工设备易发生危险的部位应设有安全标志或涂有安全色，提示操作人员注意。安全标志和安全色按GB 2894、GB 2893和GB 6527.2执行。

整改结果

有防护措施的热加工设备

：热加工不能采用危险和淘汰的工艺，要采用先进的加工技术。

安全隐患12-2

高温发热电气设备带电体裸露

隐患现象

！加热装置没有安装防护装置

！使用淘汰的裸露带电体的老式电炉

！电热电源接线瓷接头破损后未及时更换

！电加热器无防护带电部分裸露在外

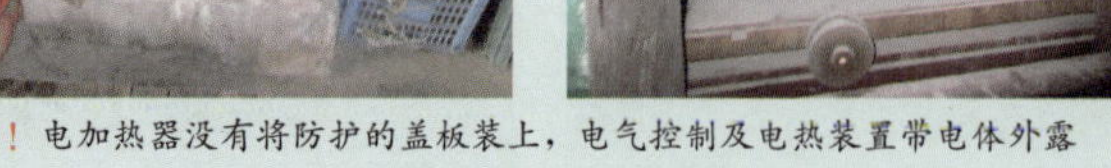

！电加热器没有将防护的盖板装上，电气控制及电热装置带电体外露

防范措施

《剩余电流动作保护装置安装和运行》（GB 13955—2005）中，第4.1.2条规定：

用于直接接触电击事故防护时，应选用一般型（无延时）的剩余电流保护装置。其额定剩余动作电流不超过30mA。

《施工现场临时用电安全技术规范》（JGJ 46—2005）中，第5.2.1条规定：

在TN系统中，下列电气设备不带电的外露可导电部分应做保护接零：

(1) 电机、变压器、电器、照明器具、手持式电动工具的金属外壳；

(2) 电气设备传动装置的金属部件；

(3) 配电柜与控制柜的金属框架；

(4) 配电装置的金属箱体、框架及靠近带电部分的金属围栏和金属门；

(5) 电力线路的金属保护管、敷线的钢索、起重机的底座和轨道、滑升模板金属操作平台等；

(6) 安装在电力线路杆（塔）上的开关、电容器等电气装置的金属外壳及支架。

《国家电气设备安全技术规范》（GB 19517—2009）中，第2.2.3条规定：

为防止意外接触带电部分，可以采用电气设备结构与外壳，或将其装置在封闭的电气作业场中等直接接触保护技术。外壳等用作防止直接接触保护的部件只允许用工具拆卸或打开。由安全特低电压供电的电气设备，并且直接接触时，只有一个频率，作用时间和能量大小限制在一个无危险程度的电流流过，则可不采用上述的直接接触保护措施。

整改结果

防护到位的电加热设备

：电加热器的防护装置要完善，不得使电气控制及加热装置的带电部分外露。

安全隐患12-3

潮湿场所电气设备不安装漏电保护

隐患现象

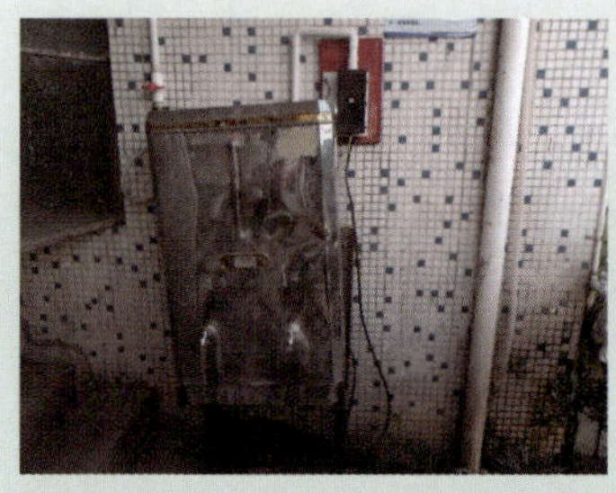

！电热水器未安装剩余电流动作保护装置

！潮湿场所使用的水泵未安装漏电保护装置

！饮水机未安装剩余电流动作保护装置

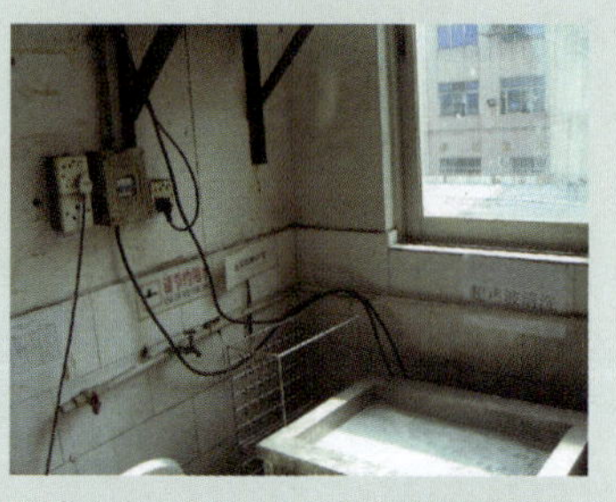

！超声波清洗的潮湿场所未安装漏电保护装置

！鱼缸内使用的电器未安装漏电保护装置

！室外安装的电热水器未安装漏电保护装置

防范措施

车间内潮湿场所使用的电气设备，要按照《剩余电流动作保护装置安装和运行》（GB 13955—2005）中，第 5.8.2 条的规定：

安装在潮湿场所的电气设备应选用额定剩余动作电流为 16～30mA、一般型（无延时）的剩余电流保护装置。

《建筑电气工程施工质量验收规范》（GB 50303—2002）中，第 7.1.1 条规定：

电动机、电加热器及电动执行机构的可接近裸露导体必须接地（PE）或接零（PEN）。

整改结果

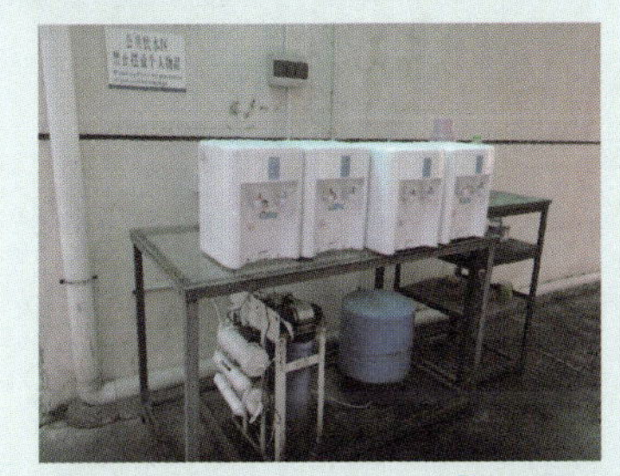

带漏电保护的电气设备

：潮湿场所使用的电气设备均要安装末级剩余电流动作保护装置。

安全隐患12-4

高空作业不佩戴安全帽（带）

隐患现象

！无任何防护站在双人梯顶端工作

！在室外搭建的高台无任何防护地工作

！未穿戴任何防护用具在扶梯上工作

！在挖掘机挖斗内进行高空线路整理工作

！站在围墙上进行电气线路敷设

！在街道进行单人单梯路灯线路敷设

防范措施

进行高处作业的作业人员，必须是经过培训的专业人员，要按照《建筑施工高处作业安全技术规范》（JGJ 80—1991）中，第2.0.4条的规定：

攀登和悬空高处作业人员及搭设高处作业安全设施的人员，必须经过专业技术培训及专业考试合格，持证上岗，并必须定期进行体格检查。

国家对高处作业有相关的规定，操作时达到一定的高度，就要按照《高处作业分级》（GB/T 3608—2008）中，第3.1条的规定：

在距坠落高度基准面（3.2）2m或2m以上有可能坠落的高处进行的作业。

电工在进行高处作业时，要按照操作规程的要求，进行相关的审批手续，要按照《厂区高处作业安全规程》（HG 23014—1999）中，第5.2条的规定：施工负责人必须根据高处作业的分级和类别向审批单位提出申请，办理《高处安全作业证》。《高处安全作业证》一式三份，一份交作业人员，一份交施工负责人，一份交安全管理部门留存。

高处作业人员在进行高处作业时，要按照《厂区高处作业安全规程》（HG 23014—1999）中，第4.1.6条的规定：

高处作业应设监护人对高处作业人员进行监护，监护人应坚守岗位。

电工人员在进行高处作业时，要按照规定穿戴保护用具，要按照《农村电网低压电气安全工作规程》（DL 477－2010）中，第14.1条的规定：

进入高空作业现场，应戴安全帽，1.5m及以上高处作业人员必须使用安全带或采取其他可靠的安全措施。高处工作传递物件，不得抛掷。

《电力建设安全工作规程》（火力发电厂部分）（DL 5009.1—2002）中，第14.5.3条规定：挖土机行走或作业时：①严禁任何人在伸臂及挖斗下面通过或逗留；②严禁人员进入斗内，不得利用挖斗递送物件；③严禁在挖土机的回转半径内进行各种辅助作业或平整场地。

整改结果

规范的高处作业

：登高作业要按照规定挂安全带和戴安全帽，并要有专人进行监护。

安全隐患12-5

食堂内电气设备及线路违规安装

隐患现象

！食堂内照明灯具悬挂在角铁上（左角小图）

！食堂内的插座等未安装漏电保护装置

！电风扇和电饭锅等电器未安装漏电保护装置

！电冰箱与消毒柜等电器未安装漏电保护装置

！食堂内的电气开关箱未盖盖板

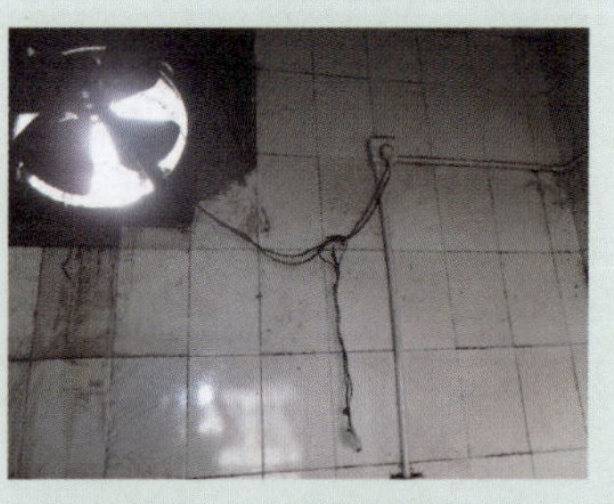

！排风扇线路未套管进行防护

防范措施

《建筑电气工程施工质量验收规范》（GB 50303—2002）中，第 19.1.1 条规定：

（1）灯具重量大于 3kg 时，固定在螺栓或预埋吊钩上；

（2）软线吊灯，灯具重量在 0.5kg 及以下时，采用软电线自身吊装；大于 0.5kg 的灯具采用吊链，且软电线编叉在吊链内，使电线不受力；

（3）灯具固定牢固可靠，不使用木楔。每个灯具固定用螺钉或螺栓不少于 2 个；当绝缘台直径在 75mm 及以下时，采用 1 个螺钉或螺栓固定。

《建设工程施工现场供用电安全规范》（GB 50194—2014）中，第 7.0.2 条的规定：照明线路应布线整齐，相对固定。室内安装的固定式照明灯具悬挂高度不得低于 2.5m，室外安装的照明灯具不得低于 3m。安装在露天工作场所的照明灯具应选用防水型灯头。

《1kV 及以下配线工程施工与验收规范》（GB 50575—2010）中，第 5.5.4 条的规定：塑料护套线与接地导体或不发热管道等紧贴交叉处及易受机械损伤的部位，应采取保护措施。

在员工食堂这样潮湿和油污较重的地方，为避免人员的人身意外触电事故的发生，要按照《建筑机械使用安全技术规程》（JGJ 33—2001）中，第 3.6.11 条的规定：配电箱或开关箱内的漏电保护器的额定漏电动作电流不应大于 30mA，额定漏电动作时间应小于 0.1s；使用于潮湿或有腐蚀介质场所的漏电保护器应采用防溅型产品，其额定漏电动作电流不应大于 15mA，额定漏电动作时间应小于 0.1s。

整改结果

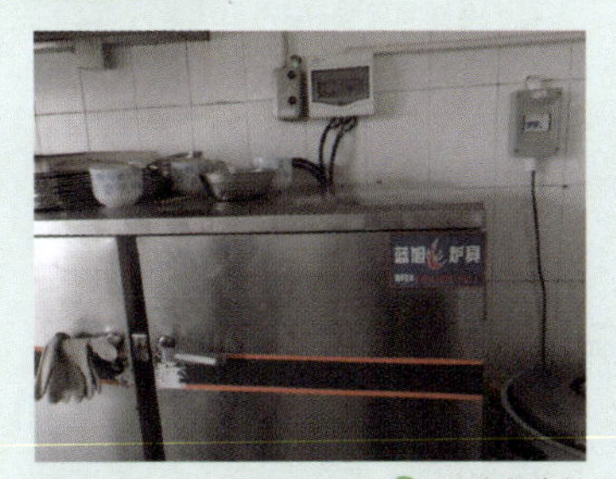

规范安装敷设电气线路与设备

安全隐患12-6

宿舍内电器与线路违规安装与使用

隐患现象

！宿舍内只在房门的一侧安装插座

！宿舍内在通道内横跨电源导线

！宿舍内电气线路敷设得如织蛛网

！在宿舍的地面上横跨电源导线

！宿舍的通道内电源导线随意性地接入

！将移动式插座与导线随意性地放置在地面上

防范措施

《用电安全导则》(GB/T 13869—2008) 中，第 6.5 条规定：

一般环境下，用电产品以及电气线路的周围应留有足够的安全通道和工作空间，且不应堆放易燃、易爆和腐蚀性物品。

《施工现场临时用电安全技术规范》(JGJ 46—2005) 中，第 7.3.2 条规定：室内配线应根据配线类型采用瓷瓶、瓷（塑料）夹、嵌绝缘槽、穿管或钢索敷设。

在室内进行插座线路的敷设时，导线截面积的选择，要按照《施工现场临时用电安全技术规范》(JGJ 46—2005) 中，第 7.3.5 条规定：

室内配线所用导线或电缆的截面应根据用电设备或线路的计算负荷确定，但铜线截面不应小于 $1.5mm^2$，铝线截面不应小于 $2.5mm^2$。

《工业用插头插座和耦合器 第 1 部分：通用要求》(GB/T 11918—2001) 中，第 16.10 条规定：插头和连接器不得有允许多于一个电缆组件连接的专用器件。插头不得有允许将插头与多于一个连接器或插座连接的专用器件。连接器不得有允许连接多于一个插头或器具输入插座的专用器件。

《家用和类似用途　插头插座　第 1 部分通用要求》(IEC 60884—1：2002) 中，第 14.18 条规定：

移动式插座中，用于将插座挂在墙上或其他安装表面的悬挂装置，应不会与带电部件接触。而且试验期间，即使断裂也不会触及带电部件。

用于将移动式插座挂在墙上的悬挂扎与带电部件之间不得有任何开口。

整改结果

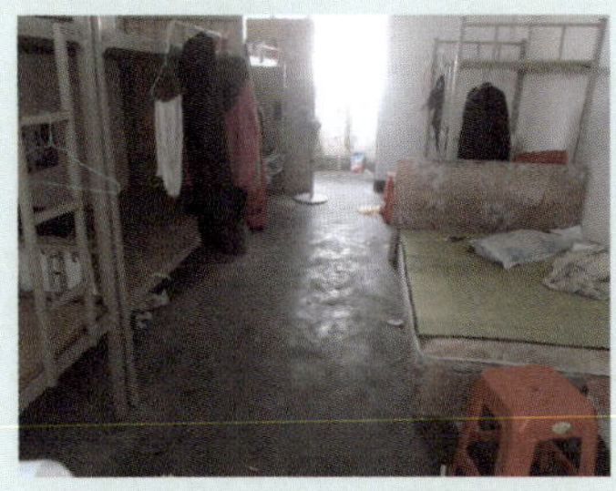

规范安装的宿舍电气线路

：宿舍内的电气线路以安装在墙壁的两端为佳，电源线不得接触床铺上可燃物质。

安全隐患12-7

紫外线杀菌灯开关安装不规范

隐患现象

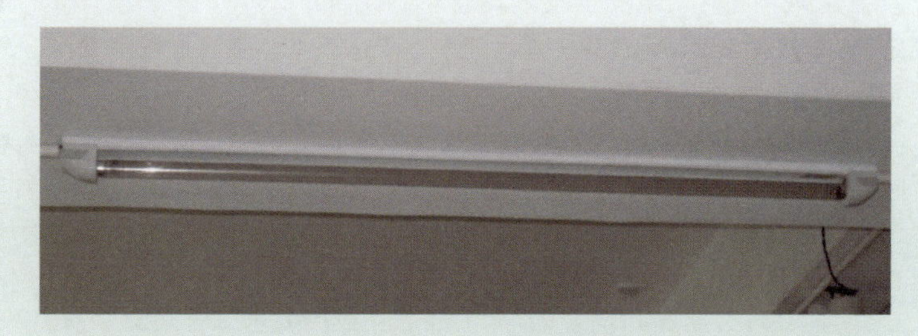

！墙顶上安装的紫外线灯管

！教室里吸顶安装的紫外线灯管

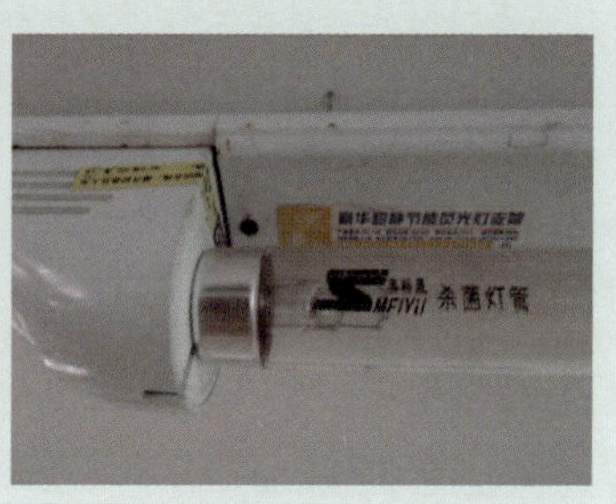

！紫外线灯管端子上的标志

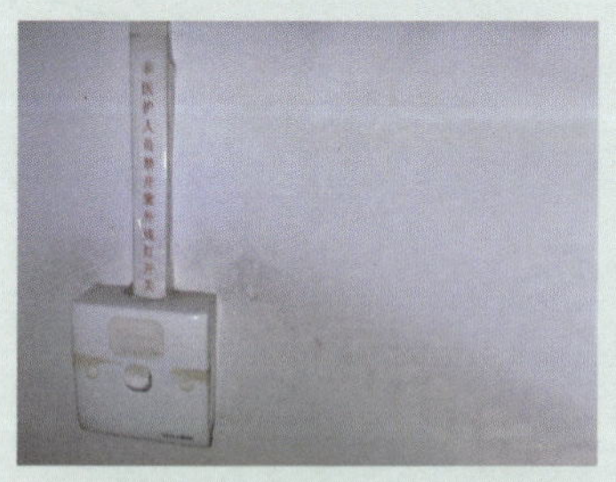

！医院贴在控制紫外线灯开关上的提示

！某学校标注在开关板上紫外线灯的提示

防范措施

现在很多的医院、学校与幼儿园等，为了防止流行感染性疾病的传播，在教室里都安装了紫外线灯进行消毒和杀菌，虽然也规定和交待了操作人员，紫外线灯是不能在有人的时候开启的，只有在人离开以后才能开启杀菌。但因紫外线灯的灯管与普通日光灯的灯管很相似，安装时又将紫外线灯的控制开关与普通日光灯的开关安装在一起，开关的外形又是一模一样的，最多只是在开关板的上面，贴个小纸条进行指示，这样就很容易造成其他人员误开，造成了不必要的人身意外伤害的可能性。

虽说国家还没有这方面的强制性规定，在安装紫外线灯时，要在紫外线灯的灯具上注明，引起室内人员的注意，提示紫外线灯的用处与危害，依靠大家来监督与管理。安装时不允许将紫外线灯开关与照明灯开关并列排放，紫外线消毒灯与照明灯的开关必须分开设置，并要保持一定的距离，或开关设置要离地面距离在 2 米以上。配备统一带锁的紫外线灯电源控制开关箱，并张贴醒目的警告标志。并在控制紫外线灯的箱匣外面，张贴制定的紫外线杀菌灯使用管理规定，由专人对紫外线灯的电源开启进行统一控制，钥匙由专人进行管理和控制，以防止无关人员误开误用紫外线消毒灯。下图为控制开关铁箱子上锁和紫外线消毒灯的管理规定。

整改结果

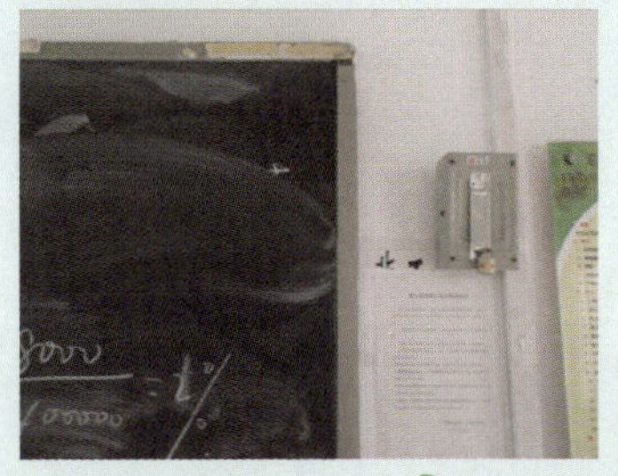

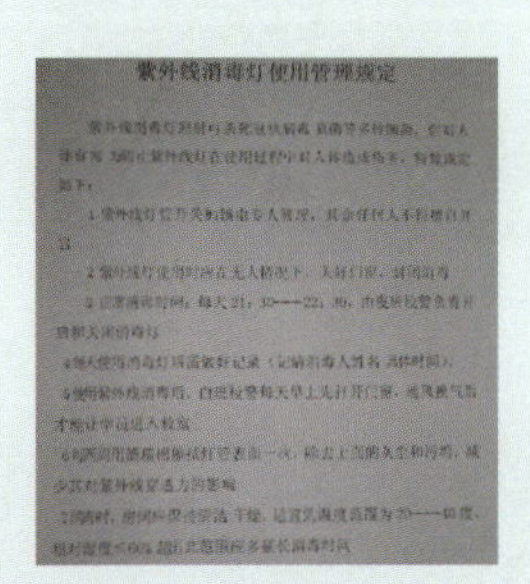

紫外线消毒灯使用管理规定

上锁并管理规范的紫外线灯

：用于学校、幼儿园、医院的消毒的紫外线灯，要专人定点上锁进行严格管理。